Backbord Schlagseite

Hermann Hofrichter

Backbord Schlagseite

Heiteres und Bemerkenswertes
von der
DEUTSCHEN BUNDESMARINE

Karikaturen:
Alparslan Aydeniz
und Autor

FAHNER VERLAG

Impressum

Die Deutsche Bibliothek - CIP-Einheitsaufnahme

Hofrichter, Hermann:
Backbord Schlagseite: Heiteres und Bemerkenswertes von der Deutschen Bundesmarine/Hermann Hofrichter. Karikaturen: Alparslan Aydeniz und Autor.
- Lauf: Fahner, 2002
ISBN 3-924158-65-7

Satz, Repro, Druck: Fahner Druck, Lauf
Lektorat: Hartmut Wörnlein
Erschienen im Fahner Verlag, Lauf

Der Verursacher dieser Zeilen mit 19 Jahren

Minensuchboot „SEELÖWE"

Schulfregatte „HIPPER"

Inhaltsverzeichnis

Vorwort

Bekanntlich hat ein Vorwort die Aufgabe, dass man es nicht liest. Lieber Leser, mache dir bitte trotzdem die Mühe.

1982 schrieb ich einmal an den damaligen Professor, Vizeadmiral a.D. Friedrich Ruge, den ersten Inspekteur (06.57–08.61) der Bundesmarine. Ich nahm Stellung zu einer Ausführung in einem seiner Bücher, die ich persönlich miterlebt hatte. Schon nach wenigen Tagen bekam ich von ihm einen herzlichen Brief. Er schrieb mir unter anderem: „Ihre Erinnerungen an die Bundesmarine haben mir Spaß gemacht." Gleichzeitig hielt er mich dazu an, das Erlebte einmal zu Papier zu bringen. Diese Anregung verfolgte mich in all den vergangenen Jahren. Jetzt, nachdem ich über meine Zeit ausreichend verfügen kann, sollte sie verwirklicht werden.

Ursprünglich war es meine Vorstellung, die Erinnerungen mehr allgemein zu halten. Plötzlich stellt man beim Schreiben fest, dass es doch sehr persönliche Erlebnisse sind und dass das „Ich" öfter als vorgesehen vorkommt. Einige Geschichten wurden mir von Kameraden wieder ins Gedächtnis gerufen, erzählt oder aufgeschrieben. Wenn sie trotzdem in meiner Ausdrucksform dargestellt sind, dann kommt es daher, dass sie von mir überarbeitet und angepasst wurden.

So weit es möglich und angebracht war, versuchte ich, in den Erzählungen etwas über die Anfangsgeschichte der Bundesmarine zu berichten. Wer kennt zum Beispiel heute noch ein Strahlendosimeter als „Hundemarke" oder den „Soldatensender 904"?! Die sporadisch eingefügten Darstellungen, die nach meiner Meinung bemerkenswert sind, gehen zusätzlich etwas näher auf die Vergangenheit ein. Trotzdem konnte ich mir nicht in allen Fällen verkneifen, auch diese Ausführungen ein bisschen vergnüglich zu beschreiben. Einige Zeilen fielen etwas gefühlsbetonter aus. Sie sind meine Hommage gegenüber der See, den Schiffen und dem Marinebrauchtum. Ansonsten sind die Schilderungen ohne literarische Schnörkel, einfach so, wie mir der Schnabel gewachsen ist.

Zwischendurch wurde auf die technischen Einrichtungen der Schiffe etwas eingegangen. Das liegt daran, dass ich in dieser Laufbahn tätig war. Der heute unverzichtbare technologische Schlüsselbereich „Elektronik" hatte bei unseren Maschinen noch nicht Einzug gehalten und so war der Umgang mit den Anlagen im wahrsten Sinne des Wortes noch greifbar.

Einige Ausdrücke in den Döntjes mögen Nichtseeleuten unbekannt erscheinen. Für sie wurde am Ende eine erklärende Zusammenstellung der maritimen Begriffe, die hier vorkommen, aufgeführt. Man kann aber auch einfach darüber hinweglesen (sollte es aber nicht). So wie die Sprache, so ist bei der Flotte eben alles etwas anders.

Die Flagge auf den Schiffen der Marine weicht in ihrer Form von der National- und der Bundesdienstflagge ab.

Selbst der Applaus wird nicht durch das allgemein bekannte Klatschen bekundet. Nein, dafür gibt es den Kutterläufer. Wie war man im Opernhaus von La Coruña (Spanien) bei einem Sinfoniekonzert erstaunt, als wir auf unsere marinetypische Art Beifall zollten!

Lange überlegte ich, ob einige eindeutige Erinnerungen überhaupt aufgezeichnet werden sollten. Warum jedoch nicht! Sind es doch Vorkommnisse aus einer – damals noch – reinen Männerwelt.

Die folgenden Geschichten sind tatsächlich - mit kleinen „Abrundungen" – passiert und kein Seemannslatein. Sollte beim Lesen der Eindruck entstehen, dass wir nur Unsinn im Kopf hatten, so ist das nicht ganz richtig. Wir gingen unsere Aufgaben durchaus ernst und leistungsbereit an, waren manchmal kritisch und stellten, wenn es angebracht war, unbequeme Fragen.

Wenn es bei meinen Zeilen auch anders aussehen mag, ein Leben auf engem Raum ist nicht immer leicht und führt zwischendurch zwangsläufig zu Spannungen und Reibereien mit den Gefährten. Oft musste das eigene Ich für die Gemeinschaft zurückstehen. Ansonsten – wir waren eben jung.

Und nun viel Spaß beim Lesen!

Musterung

Dezember 1956, mein ehemaliger Klassenkamerad und Arbeitskollege Kurt und ich sahen zum ersten Mal einen Soldaten der neuen Bundesmarine in Uniform in unserer fränkischen Heimatstadt Fürth. Es war sehr kalt, trotz seines offenen Kragens schien er nicht zu frieren. Ein solches Dasein wäre doch auch etwas für uns! Wir wuchsen als neugierige Lausejungs in der Stadt mit dem Kleeblatt im Wappen auf. Zwischenzeitlich war uns aber das Umfeld zu eng und der erlernte Beruf nicht mehr interessant genug. Spontan entschlossen wir uns für die freiwillige Meldung zur Marine. Schon an einem der folgenden Tage holten wir in der nächstgelegenen Kaserne die dazu nötigen Unterlagen. Kreiswehrersatzämter gab es damals noch nicht.

Wochen vergingen, unsere Ungeduld wurde mit jedem Tag größer. Nach der Arbeit war immer unsere erste Frage: „Post für mich da?“ Endlich kam die mit Spannung erwartete Aufforderung, zur Musterung nach

Wilhelmshaven zu fahren. Wir sollten das erste Mal in unserem Leben das Meer sehen!

In der Marinestadt, deren Gründung erst zirka hundert Jahre zurücklag, bestand die Möglichkeit, auf dem Wohnschiff KNURRHAHN des Marinestützpunktkommandos zu übernachten. Wir nahmen allerdings ein Privatzimmer, denn wir wollten noch ein paar Tage in der uns unbekannten Stadt anhängen. Die Gastgeberin, eine ältere Witwe, war ein Glückstreffer. Man hatte den Eindruck, dass sie nur für die Marine lebte. Für uns ideal, denn sie kannte durch unsere Vorgänger fast alle Fragen, die bei der schriftlichen und der mündlichen Prüfung gestellt wurden. Wiederholt übten wir beide den ganzen Fragenkatalog mit ihr durch, bis alle Antworten fest in unseren Köpfen saßen. Es war für sie selbstverständlich und eine Ehrensache, dass keiner „ihrer Jungs" bei der Aufnahmeprüfung durchfallen würde.

Als Belohnung für unsere Lernbemühungen kochte sie extra, da wir ja aus dem Süden kamen, eine uns vollkommen unbekannte Biersuppe. Sie schmeckte sehr eigenartig. In einem unbeobachteten Moment kippten wir den Topfinhalt ins Klosett und versicherten ihr danach treuherzig, dass es außergewöhnlich geschmeckt hatte. Dabei logen wir nicht einmal, denn die Suppe war tatsächlich außergewöhnlich. Wir hofften nur, dass sie nicht noch einmal einen solchen großartigen Einfall hatte.

Wie alle Freiwilligen, und das waren rund neunzig von hundert aller Marineangehörigen zur damaligen Zeit, erschien ich rechtzeitig am Musterungstag vor dem Werfttor I in Wilhelmshaven. Mein Freund sollte erst am nächsten Tag, am Faschingsdienstag, folgen. Ein Laufzettel gab allen Kandidaten die Anlaufstellen vor. Was würde mich erwarten? Am Anfang stand die schriftliche

Prüfung. Tatsächlich konnte ich alle Fragen richtig beantworten. Ein Teil davon setzte nur etwas Logik voraus. Auch die Rechenaufgaben fielen mir nicht schwer. Der größte Teil des restlichen Tages verging danach in der Hauptsache mit gespanntem Warten auf das nächste Geschehen. Die Hälfte seines Lebens wartet der Soldat vergebens. Dieser Satz wurde mir also schon bei der Musterung voll bewusst.

Schließlich kam der Aufruf zur ärztlichen Untersuchung: Das Gewicht, die Größe und der Brustumfang wurden festgestellt, danach der Oberkörper abgeklopft und auf verdächtige Geräusche abgehört. Man begutachtete eingehend die Zähne und überprüfte die Sehschärfe. Dann die Aufforderung: „Hose ausziehen, umdrehen, bücken, ziehen Sie die Arschbacken ausein-

ander!" Offensichtlich war der An- und Einblick positiv verlaufen, denn ein kurzes „In Ordnung!" ließ mich wieder aufrichten. Das hätte man mir auch ins Gesicht sagen können! Kurz darauf folgten ein gekonnter und überraschender Griff des Äskulapjüngers an die Hoden und die Anweisung: „Husten Sie mal!" Dann überreichte man mir ein Glas mit der Bemerkung: „Pinkeln Sie in das

Glas!“ Ich musste nicht pinkeln, ich war erst gewesen. Jedoch ein Nichtkönnen wurde nicht akzeptiert. Nur mit viel Mühe schaffte ich die verlangte Menge in einem abgeteilten Kabäuschen des Untersuchungsraumes doch noch. Wie wichtig mein Unterleib für das zukünftige Bestehen der Flotte sein musste, wurde mir dabei so richtig bewusst. Nachdem auch noch die Beinstellung und die Fußform in den Akten vermerkt waren, konnte ich mich wieder anziehen.

Inzwischen war es Mittagszeit und wir bekamen ein Essen. Nachdem nun schon fast alle Punkte auf meinem Laufzettel abgehakt waren, rief man mich mit einigen Bewerbern in einen Raum und legte uns Fragebögen vor. Eine Frage kam mir dabei etwas komisch vor: „Wenn Sie nicht bei der Marine angenommen werden, gehen Sie dann auch zu einer anderen Waffengattung?“ Was sollte das? Dann hätte ich mich doch gleich zu den „Stoppelhopsern“ melden können. Gezielt machte ich bei „Nein“ einen Haken.

Erneut reihte ich mich in die Schlange der Wartenden ein. Letzte Anlaufstelle, das mündliche Einzelgespräch. Wie würde es ausgehen? Endlich tat sich auch für mich die Tür auf. Mit teils teilnahmslosen, teils neugierigen Gesichtern gruppierten sich um einen Tisch einige Uniformträger. Die goldenen Kolbenringe auf den Ärmeln sagten mir noch nichts. Ihren Blicken nach zu urteilen mussten die Herren ungeheuer wichtig sein. Dann kam die für mich überraschende Frage: „Warum haben Sie Brückenlaufbahn auf dem Anmeldebogen eingetragen, wenn Sie einen technischen Beruf erlernten?“ Was sollte ich dazu sagen? Ich wollte doch von der See etwas sehen und das konnte man wohl am besten auf der Brücke. „Maschinenlaufbahn MD 41!“ Die Entscheidung traf einer der Uniformierten unanfechtbar für mich. „Welche

Sportarten betreiben Sie?" „Handball bei einem Verein, und ich bin aktives Mitglied der Wasserwacht in meiner Heimatstadt." Das musste doch gut ankommen; beifälliges Nicken. Bis zur letzten Fangfrage gewann ich langsam immer mehr an Sicherheit. Dann: „Warum möchten Sie ausgerechnet zur Marine?" Ja, warum eigentlich? Dass ich mich von zu Hause abnabeln und Neues erleben wollte, das mochte ich nicht sagen. Auf diese Frage hatte mich unsere Wirtin nicht vorbereitet. Jetzt sollte mir aber dringend etwas einfallen. „Vielleicht aus einem Romantikgefühl." Darauf einer der Herren: „Junger Mann, wenn Sie Romantik möchten, dann müssen Sie nachts um zwölf Uhr auf den Friedhof."

Man sagte es mir zwar nicht sofort, aber ich war angenommen.

Das fängt ja gut an

1. August 1957, kaum mit dem Zug angekommen, wurden wir Freiwilligen am Bahnhof in Wilhelmshaven von einem „Heldenfangkommando" aufgegriffen, und ab ging es auf einem Lkw in die Kaserne nach Ebkeriege am westlichen Rand der Stadt am Jadebusen. Für drei Wochen schloss sich für uns das Kasernentor. Erst wenn wir „laufen" und „grüßen" können, dürfen wir wieder das erste Mal ausgehen und uns unter „normalen" Menschen zeigen. Wie viel Neues und Ungewohntes würden auf uns einströmen?

Gleich am ersten Tag der obligatorische Aufmarsch in der Kleiderkammer, wir bekamen eine graue Heeresuniform mit den kurzen Jacken der Gebirgsjäger und Landkampfausrüstung. War ich bei der falschen Waffengattung gelandet? Das konnte nicht sein, denn ich war in der 1. Schiffstammabteilung, auf Grund meiner Körperlänge in der 1. Kompanie, im 1. Zug und auch noch in der 1. Gruppe. Nur wenige Zentimeter fehlten mir und ich wäre auch noch der Längste in der Kaserne gewesen. So reichte es „nur" für den Vierten.

Zweiter Tag. Ich kam von einem gewissen Örtchen. Plötzlich war es so still im Gebäude. Wo waren meine neuen Kameraden? Auch vor dem Gebäude konnte ich keinen sehen. Plötzlich eine Stimme im Rücken: „He, Seemann!" Der konnte ja wohl nicht mich meinen, ich und Seemann? Kurz danach: „Sitzen Sie auf Ihren Ohren! Alle sind beim Kompaniechefunterricht, was machen Sie hier? Gehen Sie sofort in den Unterrichtsraum

und melden Sie sich beim Kompaniechef!“

Woher sollte ich nach den wenigen Stunden meines neuen Daseins wissen, wie man eine Meldung baut? Ich überlegte, dass mich noch keiner der Vorgesetzten kennen konnte, und ging zum Schein in Richtung Unterrichtsraum, um kurz danach in unsere Stube abzubiegen. Den Rest der Unterrichtszeit verbrachte ich auf dem Bett. Ach richtig, ab jetzt hieß es ja Koje. Nach der Rückkunft meiner Stubenmitbewohner erzählten sie mir, was vorgetragen wurde. Ich hatte nicht viel versäumt.

Die ersten Wochen vergingen mit Formaldienst, Märschen über die Ziegelsteinstraßen um Wilhelmshaven, Kutterpullen und so weiter. Ich durfte eine Woche lang den Flur dreimal am Tage mit dem Blocker bearbeiten, nur weil meine Stiefel an einem Tag nicht ganz der Vorstellung unseres Gruppenführers entsprachen. Der hätte mal sehen müssen, wie meine Schuhe früher aussahen! Für mich, der das Soldatsein nie als Zwang oder Last angesehen hat, sondern als Herausforderung, waren die ersten Wochen anstrengend, zugleich aber auch interessant und oft amüsant.

Der erste Landgang (für Landratten, man geht bei der Marine auch an Land, wenn man in der Kaserne untergebracht ist) stand endlich an, Ausgang bis zweiundzwanzig Uhr, Musterung und Urlaubskartenausgabe alle dreißig Minuten ab achtzehn Uhr. Nach Meinung unserer Vorgesetzten konnten wir jetzt mehr oder weniger richtig laufen und grüßen. Dabei brachte man mir schon zirka siebzehn Jahre vorher den aufrechten Gang bei. In der Zwischenzeit hatten wir auch unsere Marineuniform bekommen. Leider verpasste man uns am ersten Tag zur Heeresuniform nur ein Paar blaue Strümpfe und dabei war es geblieben. Die popelige Kleiderkammer konnte nicht mehr Paare ausgeben. Die Vielgeschundenen hatten die Tortur der vergangenen Wochen nicht immer schadlos überstanden. Sie wurden getragen, gewaschen und wieder getragen. Manches Loch in den Fersen oder an den Zehen zeugte von langen Märschen und Drehbewegungen in den Stiefeln während des Formaldienstes.

Mittwoch, Dienstschluss, Abendessen, fertig machen zum lange ersehnten Landgang, Uniformzwang, erste Urlaubermusterung. Schon vor der Zeit traten wir von einem Bein auf das andere, dann schließlich der Pfiff mit der Bootsmannsmaatenpfeife und Musterung. Umgehend bildete sich eine Schlange vor der U.v.D.-Stube. Wir waren Soldaten wie aus einem Bilderbuch. Haarschnitt, Rasur, Fliege, Knoten, Ex-Kragen, Bügelfalten, Schuhe, alles war wie aus dem Ei gepellt. Selbst die Fingernägel waren bei fast allen wie frisch von der Maniküre. Dann die erste Meldung: „Matrose Grigoleit bittet um eine Urlaubskarte." Die erbarmungslosen U.v.D.-Augen wanderten prüfend über den Bittsteller unter der Eingangstür und musterten ihn aus rund drei Meter Entfernung. Der Korporal vermittelte dabei den Eindruck, dass es ihm das Herz bricht, weil er uns Individuen eine Urlaubskarte geben soll. Man schämte sich fast, dass man überhaupt geboren wurde. Plötzlich kam die unerwartete Aufforderung: „Ziehen Sie einmal die Schuhe aus!"

Würde er das Loch in der Ferse übersehen? Natürlich! „Was ist das? Sie Schande der Marine, wollen Sie als Emmentaler an Land gehen? Kommen Sie wieder, wenn Ihre Strümpfe in Ordnung sind!"

Einige verließen daraufhin freiwillig die Warteschlange. Schnell auf die Bude und die Löcher wenigstens zusammenziehen, damit man zumindest bei der nächsten Musterung, in einer halben Stunde, wieder dabei war. Auch mein Stubenkamerad Volker lief plötzlich zurück auf die Stube. Aber schon nach auffallend kurzer Zeit reihte er sich zum zweiten Male in die Schlange der Landgänger ein. Er zeigte nach Aufforderung seine Strümpfe, zog die Schuhe wieder an und bekam anstandslos seine Urlaubskarte.

Wie konnte das so rasant gehen? Noch auf dem Wege zum Ausgang klärte er uns lachend auf. Er hatte den Fuß unter dem Loch schnell mit Tinte eingerieben und den blauen Strumpf wieder übergezogen. Bei der Entfernung zum Kartenausgeber und der Beleuchtung war die Schummelei nicht aufgefallen.

Landgang

Endlich, die Kaserne hatte uns das erste Mal in die Freiheit entlassen. Man brachte uns in den letzten Wochen überaus wichtige Fertigkeiten bei; wir waren zwischenzeitlich richtige Fenster- und Schuhputzkoryphäen, erstklassige Flurschrubber, Staubwischexperten, Strammstehkapazitäten und Spezialmarschierer. So durften wir für vier Stunden – ohne Aufsicht – unter die Menschheit. Zu zweit führten wir unsere neue Uniform in „Schlicktau" vor und verbrachten den kärglichen Rest bis zum Zapfenstreich in einem kleinen Lokal in der Innenstadt. Zurückgekehrt stellten wir fest, dass wir einiges verpasst hatten. Nicht weit von der Kasernenanlage befanden sich zwei Lokale, in denen es das gab, was wir in Wirklichkeit suchten: Mädels. Es waren der Tanzschuppen von „Jonny Knick" und das „Café Hilmers", aus gutem Grunde auch „Café Hemdhoch" genannt.

Schon beim nächsten Landgang durchstreiften wir, frisch betupft mit „Kolibri", dem Eau de Cologne der Lords, diese Lokalitäten. Bei „Jonny Knick" wurde ich fündig. Eigenartig kam es mir nur vor, als meine lütte Deern plötzlich vom Stuhl rutschte und unter dem Tisch kauerte. Wieder an der Oberfläche, klärte sie mich auf, dass soeben ihr Vater in der Tür gestanden hätte, um sie zu suchen.

Meine nächste Verabredung mit meiner Auserwählten sollte bei Dunkelheit auf dem Kasernengelände stattfinden, denn ich musste tags darauf Wache schieben. Der desolate Zustand der Kasernenanlage zu Beginn der

Bundeswehrzeit ließ ein solches Treffen zu, denn in den Gebäuden waren anno dazumal noch eine Cola-Fabrik und sonstige Privatunternehmen untergebracht. Aus einigen unbewohnbaren Bauten klotzten einen glaslose Fensteröffnungen an und die lückenhafte Umzäunung lud auch ungebetene Gäste in den Kasernenbereich ein.

Zur angegebenen Zeit stand ich, mit dem Gewehr auf der Schulter, während eines Wachrundganges mit meiner neuen Flamme im Schutz eines Gebüsches. Schritte ließen uns auseinander fahren. O.v.D.-Kontrollgang! Wozu hatte man uns in den letzten Wochen beim Landkampf „Tarnen und Täuschen" beigebracht? Jetzt konnte ich das Gelernte nutzen. Eine missglückte Meldung und ein unmilitärisches, verlegenes Drehen an der Armbanduhr brachten mir zwar einen Rüffel ein, ansonsten fiel mein amouröses Wachvergehen jedoch nicht auf.

Die Liaison fand allerdings schon nach einigen Wochen ein schnelles Ende, als die entgegenkommende Maid erst meine Wäsche waschen und mich kurz danach ihren Eltern vorstellen wollte. Augenscheinlich war in der Zwischenzeit auch der Vater über die abendliche Abwesenheit seiner Tochter aufgeklärt. Obwohl meine Errungenschaft ein ganz nettes Mädchen war, aber binden mit achtzehn Jahren – nein. Die ganze Sache wurde mir nun doch etwas zu brenzlig. In diesem Falle war Rückzug und nicht Angriff die beste Verteidigung der Freiheit.

Nicht immer waren die weiblichen Kontakte sehr erfreulich. Einer unserer Kameraden stellte schon nach dem ersten Landgang ein komisches Kribbeln zwischen den Beinen fest. Eine eingehende Untersuchung der behaarten Stelle ergab, dass er sich „Matrosen am Mast" eingehandelt hatte. Die chemische Keule „Paralpuder" sorgte jedoch für ein schnelles Ende der lästigen Sauger.

Eines Tages wurde unvorhergesehen eine Musterung angesetzt. Der Kompaniechef machte uns Vorhaltungen. Was war geschehen? Am Hintereingang zur Kaserne, den wir von Land kommend im Normalfall benutzten, befand sich eine Gartenkolonie. Die Büsche boten einen herrlichen Sichtschutz, um sich gefühlvoll von der Angebeteten zu verabschieden. Die Überbleibsel des Geschehens flogen oft im weiten Bogen in die Gärten. Die Pille gab es ja noch nicht. Eine Äußerung unseres Kompaniechefs am Ende des Anpfiffs ließ uns alle hinterhältig grinsen. Die Kleingärtner hatten sich beschwert. Sie behaupteten, nach jedem Landgang würden ihre Hühner am nächsten Morgen mit Gummistrümpfen umherlaufen.

Und dann gab es da noch ...

... den Kompaniefeldwebel Hauptbootsmann F. W. bei der Technischen Marineschule (TMS) in Bremerhaven. Sein richtiger Name ist nicht wichtig, denn jeder kannte ihn nur unter F. und er sprach auch fast jeden mit dieser Titulierung an. Eine Ausnahme machte er nur bei seinen Vorgesetzten. Zur Aufklärung: Laut Duden ist F. die derbe Bezeichnung für die weibliche Scham und in Bayern die Bezeichnung für eine Watsche.

Gleich nach der Rekrutenausbildung kamen wir von den technischen Laufbahnen zum viermonatigen (A-) Lehrgang zur TMS nach Bremerhaven. Die Kasernenanlage befindet sich in einem großen Bogen des windungsreichen Flüsschens Geeste nahe dem Stadtzentrum und beheimatet heute die Marine-Operationsschule.

Schon bei der ersten Musterung merkten wir, unser neuer Spieß war ein Unikum. Seine nicht ganz stubenreine Ausdrucksweise hätte jeden Sprachforscher begeistert. Wir, die Lehrgangsteilnehmer, waren es auch. Nie war er lange an seinem angestammten Platz in der Schreibstube zu finden. Bei jeder Gelegenheit, ob beim Reinschiff, beim Formaldienst, beim Einüben von Liedern, immer konnte man damit rechnen, dass er plötzlich auftauchte und das Geschehen in die Hand nahm. War er zur Stelle, dann lief alles wie am Schnürchen. Nur beim Sport und natürlich während der Unterrichtsstunden ließ er sich nicht sehen.

Gleich in den ersten Wochen, wir waren gerade beim Reinigen des Kasernenflurs, erschien ein Soldat in Luftwaffenuniform. Unsere „Mutter der Kompanie“ regierte wieder einmal das ganze Geschehen. Der Neuling meldete sich beim Spieß, von der Luftwaffe zur Marine versetzt. Darauf der Angesprochene: „Also, du bist der Neue, geh erst mal zur Kleiderkammer und lass dich umficken“, der entgeisterte Blick des jungen Burschen war herrlich. So hatte ihn sicher noch nie ein Vorgesetzter angesprochen.

Bei den Mittagsmusterungen vor dem Kasernengebäude gingen oft die Fenster der gegenüberliegenden Küche auf. Das weibliche Küchenpersonal amüsierte sich köstlich über die Kraftausdrücke des Kompaniefeldwebels. Bei einer solchen Gelegenheit drehte er sich einmal verächtlich um und schrie: „Ihr Spaltenpisser, nehmt den Fensterrahmen vom Hals!“ Nie wurde bekannt, dass sich eine der Frauen beschwert hätte.

Wir Jungs gingen natürlich für unseren Spieß durchs Feuer. Nur einen Nachteil hatte die ganze Angelegenheit, seine Ausdrucksweise floss sehr schnell in unser Vokabular ein und wir merkten schon nach kurzer Zeit nicht mehr, wenn wir auch außerhalb der Kaserne mit Obszönitäten um uns warfen.

F. wohnte in Bremerhaven. Auf unsere Frage, warum er so viele Nächte in der Kaserne verbringe und nicht zu Hause, klärte er uns auf: „Warum soll ich mich zu Hause über meine Frau ärgern, wenn es mir hier viel besser gefällt.“

Einmal organisierte er eine Fischereihafenbesichtigung. Das damals noch riesige Fischaufkommen in Bremerhaven machte einen solchen Besuch äußerst interessant. Um morgens bei der sehenswerten Fischauktion dabei zu sein, mussten wir sehr früh aufstehen. Jeder Arbeiter kannte F., ständig ging es: „Wie geht es, F.?“, „Willst du wieder anfangen, F.?“, „Auch wieder da, F.?“, und so weiter. Er war also auch im Fischereihafen eine Berühmtheit und unter seinem „Kosenamen“ bekannt.

Eines Tages erzählte er uns, dass er einmal ins Fettnäpfchen getreten sei. Es war bei einem „Bunten Abend“ während des Zweiten Weltkrieges. Er hatte sich, als junger Soldat, zur Aufführung eines Sketsches gemeldet. Sein Ausflug auf die Bretter, die die Welt bedeuten, war der selbst inszenierte, herzergreifende Einakter „Der verlorene Sohn“. Das Publikum bestand aus Offizieren, zum Teil mit ihren Gattinnen, und aus Mannschaften. Der Vorhang ging hoch. Die Szene: Unser Freund sitzt als alter Vater verkleidet auf einem Stuhl. Die Tür geht auf, der verlorene Sohn bewegt sich auf den Vater zu und ruft: „Vater, hier bin ich wieder!“ Darauf der Vater: „Leck mich am Arsch!“ Der Vorhang fällt. Die Begeisterung der Offiziere soll sehr verhalten gewesen sein. Bei den restlichen Soldaten hatte er die Lacher auf seiner Seite. Ob die Vorführung tatsächlich so verlaufen ist? Zuzutrauen war es ihm.

Er war auch der Meinung, dass jeder Soldat wenigstens einmal im Leben „Flagge Lucie“ mitgemacht haben muss. Als eines Tages ein geringer Anlass dazu war, scheuchte er uns auf die Stuben. „In fünf Minuten in Ausgehuniform auf dem Hofe antreten!“, nachher: „In drei Minuten im Schlafanzug antreten!“, dann: „In fünf Minuten im Sportzeug antreten!“, anschließend folgte das Arbeitspäckchen, dann nur die Badehose und danach war in zwanzig Minuten Spindkontrolle. Alles musste wieder sauber aufgehängt und eingeschlichtet sein. Erst stank uns die Sache fürchterlich, aber kurz danach konnten wir wieder über den ganzen Zinnober lachen. Wir fragten einfach nicht danach, ob es richtig oder falsch war. So wunderbar unkompliziert kann das Leben sein.

Wie beliebt der Spieß bei seinen Jungs war, kann man daraus ersehen, dass der Kursus nach uns, als er Geburtstag hatte, eine Überraschung für ihn bereithielt. Als Ortsansässiger legte er den Weg zwischen Wohnung und Kaserne mit einem alten, schäbigen Fahrrad zurück. An seinem Geburtstag zerlegten einige Schüler sein Fahrrad in alle Einzelteile. Selbst die Kugellager wurden auseinander genommen. Bei der Mittagsmusterung brachte man ihm die Einzelteile in einer Decke. Nach der anfänglichen Verblüffung wollte er so richtig loslegen, da kam einer mit einem neuen Fahrrad um die Ecke gefahren und überreichte es im Namen aller Lehrgangsteilnehmer. F. soll das erste Mal für kurze Zeit gerührt und sprachlos gewesen sein.

Unternehmen Barhocker

In Bremerhaven fand man in den Anfangsjahren der Bundeswehr eine Anhäufung von Marinekommandos. Die Sprachausbildung, für die Fletscher-Zerstörer aus den Staaten und die Schulfregatten aus England, lief auf vollen Touren. Die TMS sorgte für den großen Bedarf an technischem Personal. Die Ortungsschule schickte ausgebildetes Personal an die immer mehr werdenden Schiffe. Minensuchboote und Ausbildungsschiffe hatten ihren Heimathafen in der Stadt an der Weser, und so weiter. Die Gastwirte freuten sich, denn die Jungs suchten in ihrer Freizeit nach Zerstreuung.

In einigen Kneipen konnte man anschreiben lassen. Bekannt dafür war vor allem das „Dschungelboot". Die Wirtin, von allen Mutti genannt, nahm unterschriebene Schecks entgegen, füllte sie am Monatsende aus und reichte sie bei den zuständigen Banken ein. Nie wurde bekannt, dass sie auch nur einmal einen der Lords übers Ohr haute. Es wäre auch sicherlich nicht angebracht gewesen, denn man hätte schon am nächsten Tag aus ihrem Lokal einen Trümmerhaufen gemacht.

Ein Heizer und der Smut des kleinen Schulbootes OT 1, das für die Ortungsschule in der Nordsee im Einsatz war, steuerten bei fast jeder Gelegenheit das „Dschungelboot" an. Einmal, beim Verlassen der Kneipe, stellten sie auf der Straße plötzlich fest, dass einer von ihnen einen Barhocker auf dem Rücken hatte. Auf der belebten Bürgermeister-Schmidt-Straße wollten sie sich lieber nicht mit ihrer Beute sehen lassen und so gingen sie einer etwas menschenleereren Straße längs. Wenn sie nun noch an der militärischen Wache vorbei kamen, dann war OT 1 um einen Barhocker reicher. Weit gefehlt! Auf der dunklen Straße kam ihnen ein Polizeifahrzeug entgegen. Es hielt natürlich an, denn ein Barhocker auf dem Rücken eines Marinegefreiten ist durchaus nicht üblich. Sie mussten auf dem Rücksitz des Fahrzeuges Platz nehmen, der Barhocker wurde ihnen auf die Beine gezwängt.

Auf der Wache erfolgte die übliche Prozedur, Personalangaben, wo kommt der Barhocker her, und so weiter. Endlich wurden sie entlassen. Nachdem es schon nach vierundzwanzig Uhr war, ließen sie sich noch eine Bescheinigung auf der Wache ausstellen, sonst hätten sie über den Zapfen gehauen. So konnten sie wenigstens einen Zettel vorweisen.

Auch damals schon mahlten die Gesetzesmühlen sehr langsam, denn zur Anzeige kam es erst nach zwei Monaten und das nur von der Staatsanwaltschaft. Mutti legte keinen Wert auf eine Anzeige. Sie kannte ihre Pappenheimer und ihren Barhocker hatte sie ja wieder von der Polizei bekommen. Ihr waren ihre Gäste wichtiger.

Monate vergingen. Eines Tages kam die Mitteilung, dass die Staatsanwaltschaft geneigt sei, das Verfahren (welch hohes Wort wegen eines Barhockerdiebstahls) einzustellen, wenn hundert Mark an eine humanitäre Einrichtung bezahlt würden. So ist es dann auch geschehen.

Das Glück der Erde

Der erste Lehrgang war erfolgreich überstanden. Anschließend verbrachten wir die Wochen bis zur Abkommandierung zu unseren Bordkommandos, unsere zukünftigen Schiffe befanden sich längere Zeit auf See, bei der Personalreserve in Brake an der Unterweser. Gammeldienst in der Kaserne.

Die Tage zogen sich unendlich hin mit langweiligen Beschäftigungen. Abends war gewöhnlich Kneipenbummel angesagt, wenn man nicht gerade Wache hatte. Es war die Zeit, in der die Russen vor den Amerikanern ihre ersten Satelliten in den Himmel schossen, und wir versuchten, die hellen Punkte am nächtlichen Himmel zu sehen. Meistens wurden die Stadtbesuche feucht-fröhlich beendet und per pedes ging es danach wieder zurück in die Unterkunft am Rande der Stadt mit den auffallenden Getreidesilos.

Zwei Mariner hatten genau die Alkoholmenge in sich aufgenommen, bei der auch weniger mit Schönheit gesegnete Frauen langsam anziehend werden. Genauer ausgedrückt, sie hätten bei jeder einen Anlauf gefahren. Der Haken an der Sache war nur, alle anwesenden Damen im Lokal hatten längst Anschluss gefunden. Was sollte man also unternehmen? Noch war nicht Zapfenstreich. Aber besser, man ging früher als vorgesehen in Richtung Kaserne.

Auf dem Weg durch die norddeutsche Tiefebene fällt einem so manches ein. Warum sollte man nicht einmal eine Runde auf einem der zahlreichen Pferde auf einer

Koppel am Wegesrand reiten? Die zwei waren mit einem Mal von dieser Idee hellauf begeistert. Reiten konnte doch nicht so schwer sein! Wie oft hatte man das schon im Film gesehen. Im Zweifelsfall wird man sich eben gegenseitig kameradschaftlich unterstützen. Ein Schimmel stand bewegungslos, nur die Ohren spielten, am Gatter und betrachtete neugierig die prächtigen Typen. Für unsere Freunde war der Vierbeiner im hellen Mondlicht und in ihrem momentanen Zustand die Inkarnation aller Pferde schlechthin. Dass die Marineuniform nicht unbedingt der übliche Reitdress war, störte das vorgesehene Unternehmen in keiner Weise.

Das sperrige Tor wurde umständlich überwunden und danach durch den von den Hufen aufgeweichten

Boden gestampft. Der Vierbeiner wich aus. Sofort folgte der Zangenangriff. Landkampferfahrung! Das Aas wich wieder aus. Langsam schmierte der Modder schon über den Rand der Halbschuhe. So schnell geben Seeleute jedoch nicht auf! Mal sehen, wer schneller war. Gemeinsam wurde die Verfolgung aufgenommen. Vorneweg der schnellfüßige Koppelbewohner, im Windschatten die schnaufenden Möchtegerncowboys. Plötzlich ein Rechtsschwenk des ortskundigen Pferdes. Die Hufe griffen auf dem feuchten Gras. Nicht so die glitschigen

Schuhe der Verfolger. Unvermittelt fanden sich die beiden bis zu den Knien in einem Entwässerungs- und Begrenzungsgraben wieder. Frustriert taumelten unsere „Ritter ohne Frucht und Adel", laut alle Pferde der Welt verwünschend, wieder auf die Straße. Das war wohl nichts! Beim kurzen Zurückblicken wurden sie den Eindruck nicht los, dass der Gaul schadenfroh das Maul verzog.

Die verhinderten Reitersmänner marschierten mit leicht unglücklichen Gesichtern Richtung Unterkunft. Was jetzt noch fehlte, waren dämliche Fragen der Kameraden. Mit schmatzenden Schuhen passierten sie etwas später müde und niedergeschlagen die feixenden Wachposten am Tor. Kurz danach stellten sie sich gleich in voller Uniform und den Schuhen unter die Dusche, um die Spuren des fehlgeschlagenen nächtlichen Abenteuers zu beseitigen.

Am nächsten Morgen, beim Anblick der feuchten und immer noch schmutzigen Uniformteile, fragten sie sich, ob es richtig ist, dass das Glück der Erde auf dem Rücken eines Pferdes liegt. Es soll angeblich nicht richtig sein, dass einer der beiden während der Nacht immer wieder gerufen hat: „Ein Königreich für ein Pferd!"

Heizerdasein

Als ab Juli 1956 die ersten Hochseeminensuchboote Typ 40/43 von der LSU „B" an die neue Bundesmarine übergeben wurden, waren die in der Zeit von 1941 bis 1945 für die Kriegsmarine gebauten Schiffe schon etwas verbraucht. Für uns, die wir die Laufbahn MD 41 (Dampfmaschinen) eingeschlagen hatten, konnte man vorhersehen, dass viele nach der Rekrutenausbildung und den vier Monaten Gastenlehrgang auf den Veteranen landen würden. Schon während der Lehrgänge erzählte man sich die tollsten Geschichten von deren Besatzungen, vor allem von den Heizern.

Als wir auf den Schiffen einsteigen sollten, bekamen wir prompt den richtigen Eindruck. Angekommen mit Lastwagen, mussten wir gleich wieder aufsteigen und zum Übernachten in eine nahe Kaserne fahren, denn alle sechs Boote des Geschwaders wurden in der Folgenacht, wegen der zahllosen Kakerlaken, ausgegast. Auf unser vielstimmiges Gemurre wegen der sinnlosen Anfahrt raunzte uns einer der Offiziere von einem der Schiffe barsch an: „Verdammt, haltet das Maul!" Das konnte ja prima werden! Und es wurde prima.

Gleich beim Eintreffen am nächsten Morgen kostete das Abstellen des Seesackes im Heizerdeck auf dem Boot SEELÖWE einen Kasten Bier. Der Deckälteste, ein Obergefreiter, teilte die Kojen zu. Für die Nacht musste eine Persenning, eine bettähnliche Vorrichtung, aufgebaut und gespannt werden. Nur die Älteren hatten feste Kojen auf und über den Backskisten. Der Ton im Deck war derb und sehr gewöhnungsbedürftig für uns Heizerdebütanten.

Für alle Neulinge war es anfangs völlig unvorstellbar, dass man sich während der Zeit auf See nicht rasierte,

denn es hieß: „Wer sich rasiert, ist schwul." Manches abgekämpfte Gesicht mit einem „Milchbart" sah nach wenigen Seetagen etwas merkwürdig aus. Den Gammelpäckchen kam das natürlich sehr entgegen, andere waren weniger glücklich und freuten sich, wenn im Hafen das „Kraut" wieder aus dem Gesicht geschabt wurde.

Da die Kessel für den Dampf der Antriebsmaschinen mit Kohlen beheizt wurden, waren die Schiffe immer irgendwie schmutzig. Das Beschicken und das Reinigen der gefräßigen Feuerungen waren eine schlimme Knochenarbeit, und das zwölf Stunden pro Tag und Nase, wenn die Schiffe auf See waren. Ganz unbeliebt war das kräftezehrende Feuerreinigen alle sechs Stunden. Mit einer langen, je nach Verschlackung des Feuers, schweren Eisenstange, dem Poker, wurde der Glutberg bei sengender Hitze aufgebrochen. Danach zog man die Schlackenfladen aus der Feuerung auf die Flurplatten, um sie mit Wasser abzulöschen. Ein infernalischer Gluthauch und aufsteigender, eigenartig riechender Dampf ließen dabei den Schweiß in Strömen fließen. Danach musste noch die angefallene Asche von sechs Stunden aus dem dampfenden Wasserbad unter den Feuerrosten gezogen werden. Anschließend wurde der Feuerungsrückstand in eine große Eisenpütz gefüllt, ans Oberdeck geschleust und außenbords geworfen. All das war noch halbwegs zu ertragen, schlimm wurde es erst, wenn sich die Kohlenbunker langsam leerten. Dann musste jede Schaufel Kohle bis zu dreimal umgetrimmt werden, bis sie schließlich in der nimmersatten Feuerung landete. Kam dann noch starker Seegang dazu, war der Hexenkessel vollkommen. Zusätzlich waren noch die sonstigen Arbeiten in der Freizeit zu erledigen, wie Dienstunterricht, Kartoffelschälen, Reinschiff, Zeugpflege und so weiter. An Schlaf war auf See wenig zu denken. Jedoch schon nach ganz kurzer Zeit liebten wir fast alle unsere Boote und die uns fordernde Arbeit. Vor allem kamen der Humor und mit ihm der Sinn zum Unsinn nicht zu kurz.

Eines Tages kamen junge Leutnants zur Ausbildung zum Geschwader. Während der seemännischen Übungen konnten sie ihre Uniform tragen. Nicht so im Kessel- und Maschinenraum, denn der LI (den Begriff „Schiffstechnischer Offizier" gab es noch nicht) war der Meinung, dass sie alle anfallenden Arbeiten in den technischen Anlagen mitmachen sollten. Also hatten sie die üblichen Arbeitspäckchen an. Als einziges erkennbares Zeichen ihrer Offizierswürde trugen sie ihre Schirmmützen.

Die Kameraden im Offiziersrang waren genau die richtigen Opfer für uns Heizer. Schon nach kurzer Zeit liefen sie mit schwarzen Ohrmuscheln umher. Dazu muss man wissen, dass zur Verständigung zwischen den Kesselräumen ein Sprachrohr diente. Ein schrilles „Hui" durch das Rohr forderte einen im anderen Raum dazu auf, mit dem Ohr am Rohrende eine Nachricht zu empfangen. Durch das Rohr ließen sich aber nicht nur Nachrichten befördern, sondern auch Kohlenstaub. Dazu häufte der Absender eine kleinere Menge Staub auf die Handfläche, die er an die Rohrmündung hielt. Dann wurde der für die Verbrennung nötige Luftdruck im Kesselraum plötzlich erhöht. Ein Faden am Rohrende zeigte die Druckerhöhung im nächsten Kesselraum an. Gleichzeitig musste im Raum des Nachrichtenempfängers der Luftdruck kurzfristig gesenkt werden. Der schwarze Staub schoss durch das Nachrichtenrohr. Die Folge waren schwarze Ohren für den Lauscher. Erst nach Tagen und mehrfachem Waschen ließen sich die letzten Reste des Heizergrußes entfernen.

Gegen Ende der Wache war für die Kesselbesatzungen Feuerreinigen angesagt. Die Asche und die angefallene Schlacke wurden in einer Pütz mit einem handbetriebenen Seilzug durch einen runden Schacht, wie schon erwähnt, an das Oberdeck gezogen und außenbords gekippt. Nach einer kurzen Einweisung wurden auch die jungen Offiziere für diese Arbeit eingesetzt. Bei der letzten Fuhre ereilte unsere Helfer das Schicksal. Beim Herausheben der Pütz aus dem Schacht zog einer der Heizer kurz an der Schleusenklappe im Kesselraum. Wegen des Überdrucks im Raum schoss die Luft durch den Schacht nach oben, riss die Schirmmütze vom Kopf des Trägers und beförderte sie in der Regel in den Bach. Nicht umsonst trugen wir bei unserer Arbeit ein Schiffchen.

Gelangweilt und unschuldig guckten wir auf die Manometertafel oder in die Feuerung, wenn der Barhäuptige kurz danach perplex oder wütend den Kesselraum betrat.

Der bewachte Bewacher

Um diese Geschichte zu verstehen und wie es zu diesem eigenartigen Gefängnis kam, muss man einen kleinen Rückblick in die Anfangszeit der Bundesmarine vornehmen. Von der LSU gingen unsere Minensucher nahtlos in die neue Bundesmarine über. Hier bekamen sie die Namen SEEHUND (M 187), SEEIGEL (M 188), SEELÖWE (M 189), SEEPFERD (M 190), SEESTERN (M 192) und SEESCHLANGE (M 191, Geschwaderboot).

Die Besatzungen bestanden, in der Anfangszeit, aus einem recht eigenartigen Haufen: Reste der LSU, Männer aus dem 1951 geschaffenen Seegrenzschutz (BGS), ehemalige Marineangehörige aus dem Weltkrieg und neue Kräfte der jungen Bundesmarine teilten sich die Aufgaben auf den Booten. Dazu ein Beispiel: Einer der Obermaate auf unserem Boot SEELÖWE war im Kriege bei einer Fahrradtruppe in Holland. Nach der Gefangenschaft, ohne Beruf, ging er, nach einigen Gelegenheitsarbeiten, zur LSU und wurde von der Bundesmarine nach einem militärischen Kurzlehrgang als Unteroffizier übernommen. Als Soldat war er eine etwas wunderliche Figur, sein Fachwissen über die Maschinenanlage konnte man jedoch als exzellent bezeichnen.

Vorschriften, Anweisungen und so weiter wurden noch oft geändert, gestrichen und umgeworfen. Die Dienstgradabzeichen musste man erst anpassen. Der Kapitänleutnant trug anfangs nur zwei fingerbreite Kolbenringe, die Offiziersmützen hatte man erst wenige Monate vorher mit dem goldenen Keksrand geschmückt, der

Dienstgrad Hauptbootsmann wurde zusätzlich eingeführt. Maate und junge Obermaate trugen noch „Wäsche achtern" und die Winkel der Dienstgradabzeichen waren nach unten (bis 1963) offen und so weiter. Nur so ist zu verstehen, dass die Vorgesetzten beim Verhängen von Strafen noch nach Gutdünken vorgehen konnten.

Der schwere Dienst in den Kesselräumen und die zusätzlichen Nebenarbeiten in der Freiwache brachten eine besondere Spezies von Heizern hervor. Eines hatten fast alle gemeinsam, es waren ganze Kerle, die bis zum Umfallen arbeiten konnten und wollten. Die „Null-Bock-Jungs" waren noch nicht geboren.

Es wurde viel getrunken, nicht nur Kujampel und Wasser. Einer der Stoker hatte die Sauferei etwas übertrieben und trotz mehrfacher Verwarnung durch den LI zeichnete sich keine Besserung ab. Auch gutes Zureden hatte keinen Sinn. Und so verknackte der LI den Burschen zu mehreren Tagen Arrest. Abzusitzen im Hafen, von Dienstschluss bis Dienstbeginn am nächsten Morgen. Ort: das Kartoffelschapp auf dem Boot. Aus erzieherischen Gründen, für den restlichen Heizerhaufen, musste immer ein Posten mit Gewehr aufziehen, Ablösung alle zwei Stunden.

Schon nach dem ersten Tag ohne Alkohol hatte der Gefangene ausgeschlafen. Das Kartoffelschapp, ein Rundell unter einem der Geschütze, war nicht hoch und groß genug, um aufrecht stehen und gehen zu können. Was tun, die Nacht wurde immer länger und länger. Mitternacht, missmutig guckte er durch das Lüftungsgitter am Zugang. Aber da gab es doch einen Posten, und der war sicher nicht so ausgeschlafen wie er und dazu noch ein Kamerad aus dem eigenen Deck. Konnte der nicht den Gefangenen spielen? Dem jeweiligen O.v.D war der Gefangene persönlich ja nicht bekannt. Eine kurze Absprache und der Bewacher lag selig auf den Kartoffeln, und der Arrestant, das Gewehr geschultert, konnte sich endlich die Beine vertreten.

Geschickt wie die Jungs waren, verliefen auch die restlichen Nächte der Gefangenschaft, ohne dass der Rollentausch aufgefallen wäre. Dass der geglückte Streich gehörig mit einem der berüchtigten Heizertrinkgelage gefeiert wurde, versteht sich von selbst. Dabei grölte man immer wieder nach der bekannten russischen Stenka-Rasin-Melodie:

„Wer die Seefahrt hat erfunden,
hat an Heizer nie gedacht,
sonst hätt er im Kessel unten
einen Bierhahn angebracht.“

Labor Service Unit

Schon im Sommer 1945 begann man unter der Bezeichnung „Deutscher Minenräumdienst" (englische Bezeichnung: German Minesweeping Administration – GM/SA) mit der Beseitigung der verbliebenen Minen des Krieges. Zeitweise betrug der Bestand des DMRD achthundertvierzig Fahrzeuge und eine Personalstärke von siebenundzwanzigtausend Mann. Als eines der Wohnheime für die Besatzungen diente ab 1946 der letzte verbliebene deutsche Großsegler, das SCHULSCHIFF DEUTSCHLAND der Handelsmarine. Dieses 1927 bei der Joh. C. Tecklenborg in Geestemünde (Bremerhaven) gebaute Vollschiff wollten die Engländer bei Kriegsende konfiszieren. Nur auf Intervention eines US-amerikanischen Admirals und des Bremer Bürgermeisters Wilhelm Kaisen konnte das Segelschiff in Deutschland verbleiben.

Im Dezember 1947 wurde der DMRD, nachdem die Hauptseewege wieder minenfrei waren, aufgelöst.

Ab Februar 1951 baute man in Bremerhaven eine deutsche Dienstgruppe bei der US-Navy auf. Ihre Kurzbezeichnung war LSU (Labor Service Unit, frei übersetzt: Entwicklungshilfe) und gliederte sich ab dem Herbst des gleichen Jahres in: LSU (A) bis 1953, Sitz Heidelberg, dabei ein deutscher Verbindungsoffizier beim „Commander US Naval Forces Germany". LSU (B) in Bremerhaven mit der Aufgabe, die restlichen Minen aus dem Weltkrieg zu räumen. Minensuchboote, Minenräumboote und Hilfsfahrzeuge mit einem Schiffsreparaturbetrieb kamen zum Einsatz. Interessant, schon 1953 traf man Vorbereitungen für den Wiederaufbau einer neuen deutschen Marine. LSU (C) im Binnenland ab Juli 1951 mit den Stützpunkten in Mannheim, Schierstein und Karlsruhe bei der „Rhine River Patrol".

Federführend für die Errichtung dieser Dienststellen war das US-Verteidigungsministerium. Bei der LSU (B) in Bremerhaven war ein verantwortlicher Offizier der US-Navy eingesetzt. Das vorgesehene Personal, fast tausend Kräfte, bestand überwiegend aus Angehörigen der ehemaligen Kriegsmarine, die seit 1947 die Wartung und die Betreuung der verbliebenen Beutefahrzeuge übernommen hatten. Es kamen aber auch Ungediente und frühere Heeresangehörige dazu.

An Fahrzeugen standen der LSU (B) sechs Minensuchboote, sechsundzwanzig Minenräumboote, sechs Patrouillenboote, zwei Tender, drei Schnellboote und sonstige Hilfsschiffe, insgesamt zweiundfünfzig Fahrzeuge, zur Verfügung. Nur die sechs Patrouillenboote waren mit Besatzungen der US-Navy besetzt. Auf allen Schiffen wurde die US-Flagge geführt und am Vorschiff war unter der Aufschrift U.S.NAVY eine Bezeichnung, zum Beispiel M 204, angebracht. Die deutschen Besatzungen wurden an der Marineschule in Bremerhaven unterrichtet und fachlich ausgebildet. Die Boote lagen überwiegend an der früheren Zerstörerkaje (heute Kaiserhafen I).

Ein großer Teil des gut ausgebildeten Personals übernahm ab November 1955 die neue Bundesmarine, die Boote folgten schrittweise ab Juni 1956. 1957 löste man die LSU vollkommen auf.

Von Kriegsende bis 1957 gingen acht deutsche Minenräumboote bei der Säuberung der Seewege von Minen verloren. Der Personalverlust bei dieser gefährlichen Arbeit betrug dreihundertvierundachtzig Mann.

Weidmannsheil

1957 stellte man die beiden 1944/45 gebauten U-Boote HAI und HECHT (KM Typ XXIII), nachdem man sie 1956 gehoben und instand gesetzt hatte, wieder in Dienst. Beide Boote waren 1945 gesunken, U-HAI (ex U 2365) durch Bombentreffer und U-HECHT (ex U 2367) nach einer Kollision während eines Fliegerangriffes. U-HAI sank am 14. September 1966 erneut nach einem Unfall, dabei überlebte nur einer von der zwanzigköpfigen Besatzung. Dies als kleine Vorgeschichte zu den ersten U-Booten der Bundesmarine.

1959, die Seefahrt von U-HECHT beschränkte sich meistens auf Tagesübungsfahrten in der westlichen Ostsee. Dabei kam das Boot öfter an der Steilküste der Eckernförder Bucht, am Schwedeneck, vorbei. Dort tummelten sich zur damaligen Zeit immer große Wildentenschwärme auf dem Wasser, die natürlich sofort verschwanden, wenn das Boot auftauchte.

Bei einer solchen Gelegenheit kam dem Kommandanten der Geistesblitz, dass man doch einmal an dieser Stelle auf Entenjagd gehen beziehungsweise in diesem Falle fahren könnte. Doch woher das passende Gewehr nehmen? U-Boote sind bekanntlich im Normalfall nicht mit Jagdflinten ausgerüstet. So erkundigte der Kommandant sich bei einem bekannten Kieler Schiffshändler, wo er sich ein Schrotgewehr ausborgen könnte. Welch ein Glück, der besagte Händler war selbst passionierter Jäger und wollte dem Kommandanten mit einer solchen Waffe aushelfen.

Dies tat er auch eines Morgens auf der Tirpitzmole in Kiel. Die Übergabe erfolgte vom Schiffshändler mit den Worten: „Hoffentlich dürfen Sie auch von Ihrem U-Boot aus schießen?"

Gute Frage! Was soll man dazu sagen?

Man muss sich nur zu helfen wissen

Wer einmal auf einem Kriegsschiff gefahren ist, weiß, wie wenig Raum beziehungsweise Spinde und Schapps für Klamotten zur Verfügung stehen. Ein Teil der Dienstkleidung, die man nicht brauchte, blieb im Seesack an Land. War die Backskiste groß genug, schlichtete man dort Wäschestücke ein. Der Rest und die Zivilsachen hingen in einem engen Blechspind, das man immer mit mehreren Kameraden teilte. Meist war so wenig Platz, dass man nur die „Erste Geige" und eine Zivilhose mit Jackett aufhängen konnte. Man trug zur damaligen Zeit allgemein noch Sakko, Hemd und Schlips, wenn man in Zivil ausging.

Vor dem Landgang brauchte man fast eine Brechstange, um die Kleidungsstücke aus dem zum Bersten gefüllten Blechkasten zu bekommen. Die Hosen waren dadurch wie gebügelt, das gequetschte Jackett jedoch nicht immer sehr ansehnlich.

Problemloser waren die bügelfreien Nylonhemden, man brauchte sie nur zu waschen und aufzuhängen und konnte sie gleich, wenn sie trocken waren, anziehen. Der Nachteil, man schwitzte gerne beim Schwofen. Also, Stoffhemden wieder her. Die musste man aber nach dem Waschen bügeln. Eine unbeliebte Arbeit und nach unserer Meinung zu umständlich. Schnell war die Lösung gefunden. Wir bügelten nur den Kragen und das sichtbare Vorderteil unter der Krawatte. Hatten wir kein sauberes Hemd mehr, dann zog man einen Pullover, sie waren in der Regel mit V-Ausschnitt, falsch herum an, das Jackett darüber und schon war eine neue Kleiderzusammenstellung kreiert. Oft wurde die Kleidung untereinander getauscht, damit man nicht jeden Tag das Gleiche anhatte.

Bremerhaven! Auf dem Jahrmarkt hatte einer von uns einen Nachttopf gewonnen. Unsere Schritte führten uns zielgerichtet ins „Oberbayern". Am Tresen der Gaststätte ließen wir uns den Topf mit Bier füllen und gingen damit anschließend in den Tanzsaal. Die Mitternachtsvase machte wiederholt unter uns die Runde zur Pflege des Feuchtgebietes im Gurgelbereich. Langsam bekamen wir Hunger. Jetzt wurde der Topfboden in der Küche mit einer Schicht Sauerkraut ausgelegt, darauf kamen, ausreichend für unsere Kopfzahl, Bratwürste und eine gehörige Portion Mostrich. Mit „Schanzwerkzeug" ausgerüstet, machten wir uns gemeinsam über den Topfinhalt her. Schon nach den ersten Schneide- und Gabelversuchen sah der Topfinhalt so aus, wie er von seiner ursprünglichen Bestimmung her aussehen sollte. Die braunen Würste, der Senf und das Kraut setzten dazu nicht viel Fantasiebegabung voraus.

Um den Tisch hatten sich ein paar Neugierige versammelt, um uns bei unserem Schlemmermenü teils schmunzelnd, teils leicht angewidert zu beobachten. Plötzlich fiel mir einer ins Auge. Vom Sehen kannte ich ihn, er war bei uns im Geschwader, jedoch auf einem ganz anderen Boot. Er hatte unverwechselbar den Pullover an, den mir meine Mutter einmal gestrickt hatte. Meinen überraschten Blicken folgend, fragte er mich: „Fährst du auf Löwe, dann ist es dein Pullover, ich bringe ihn dir morgen wieder zurück." Wie sich herausstellte, war er auf unser Boot gekommen, hatte nach einem Kleidungsstück gefragt und großzügig von meinen Deckskameraden meinen Pullover bekommen.

Es kam vor, dass man in der Nacht an Bord kam und sich möglichst geräuschlos und ohne Licht zu machen auszog. Die schlafenden Kameraden konnten sehr ungemütlich werden, wenn sie in ihrer Nachtruhe gestört wurden. Da war die eigene Koje schon mit einer friedlich schlafenden Gestalt belegt. Wieder einmal hatte ein Bursche, duun wie er war, das Boot verwechselt. Er lag zwar in der ihm geläufigen Koje, jedoch auf dem falschen Dampfer. Es war dann immer sehr umständlich, die Alkoholleiche in das richtige Nest zu verfrachten.

Ein weiteres Problem auf den kleineren Booten war der ewige Frischwassermangel auf See. Wie sollte man seine Wäsche waschen? Dabei waren wir Heizer noch gut dran. Wir steckten die Schmutzwäsche einfach in eine Pütz, übergossen alles mit Kesselspeisewasser, gaben P3 oder das sehr aggressive Zusatzmittel für das Kesselspeisewasser, Ätznatron, dazu und quirlten den Eimerinhalt mit der Dampflanze zum Rußblasen auf. Der Erfolg war in aller Regel außerordentlich. Hatte man zu viel Zusatzmittel benutzt, dann wurden die Stoffsachen etwas bruchanfällig. Wenn danach die Hose den

Trockenvorgang schadlos überstanden hatte, kam es vor, dass beim Anziehen derselben plötzlich nur noch der verstärkte Hosenbund die Hüftknochen verzierte. Den Rest konnte man nicht einmal mehr als Putzlappen gebrauchen.

Die Kleiderkammerhengste brachen nicht direkt in Begeisterungsstürme aus, wenn man die porösen Sachen zum Austauschen brachte.

Eine weitere Reinigungsmöglichkeit versuchte man vereinzelt. Ein Wäschebündel wurde gefertigt und das Ganze an einem Tampen in das wirbelnde und aufschäumende Schraubenwasser geworfen. Der Ergebnis war bei dieser „Waschmaschine" nicht sehr überwältigend, zumal bekanntermaßen die nötigen Waschzusätze fehlten. Ständig musste man auf die Schiffsmanöver achten, damit der Dampfer nicht plötzlich auf Rückwärts ging. Wenn doch, dann war der „Erfolg" außerordentlich. Man sparte sich anschließend die Nachwäsche im Süßwasser vollkommen.

Noch einmal zur Kleiderkammer. Aus einer früheren, unangenehmen Erfahrung hatte ich gegen die Burschen, alles Zivilangestellte, eine gewisse Animosität. Die saßen mit dem Arsch auf dem Zeug und spielten die großen Macker. Gerade so, als müssten sie alles selbst bezahlen. Aber auch hier hatten wir unsere kleinen Kunstgriffe. Wollten wir etwas umtauschen, dann bespritzten wir, meist waren es unsere Arbeitspäckchen, das Zeug mit Batteriesäure. Nach dem nächsten Waschen war der Stoff wie von Motten angefressen und der Umtausch ging in der Regel reibungslos über die Bühne.

Der Süßwassermangel machte sich selbstverständlich auch bei der allgemeinen Hygiene bemerkbar. Das Wasser lief bloß zu bestimmten Zeiten und nur aus Schnellschlussventilen an den Waschbecken. Ließ man den Wasserhahn los, war der Strahl unterbrochen. Wie soll man sich mit einer Hand richtig waschen? Die Kameraden griffen oft unterstützend ein, damit man beide Hände benützen konnte. Das Waschen mit Salzwasser und Seeseife zeigte nie den gewünschten Erfolg.

Liefen die Boote in einem Hafen ein, dann war man darauf bedacht, so schnell es ging das Schiff zu verlassen. Noch bevor die Landanschlüsse, Wasser, Strom und Dampf, angeschlagen waren, liefen die ersten Freiwächter über die Stelling, um sich in den dafür vorgesehenen Räumen an Land, so weit im jeweiligen Hafen vorhanden, zu waschen und zu duschen.

Einige Gammelpäckchen hatten es noch eiliger. Die wuschen nur die sichtbaren Teile, Gesicht, den Hals und die Hände. Der Rest wurde unter der alles überdeckenden Kleidung versteckt. Wie mag sich manches Bratskartoffelverhältnis (an der Küste sind es Bratskartoffel – mit s) oder die Ehefrau gewundert haben, wenn sich ihr Liebster abgetakelt hatte und sich die bleichen, gewaschenen Teile merklich vom Rest des Körpers abhoben!

Das Strahlendosimeter

Beim Aufstellen der neuen Bundeswehr rechnete man noch damit, dass ein Atomkrieg möglich war. So wurde an Stelle der jetzt bekannten „Hundemarke" ein Strahlendosimeter eingeführt.

Das Dosimeter trug man an einer Kette um den Hals. Es war Erkennungsmarke und Messeinrichtung für Röntgenstrahlen zugleich.

Bei einem Atomangriff sollte der Film im Dosimeter Auskunft über die angefallene Strahlungsbelastung geben. Auf der Rückseite der Marke waren Löcher eingeprägt, die durch eine bestimmte Anordnung genaue Angaben über den Träger machten. Im Ernstfall hätte man – für die Auswertung – mit einer Nadel, die ebenfalls an der Marke eingelassen war, die Löcher und somit den Film durchstechen müssen.

Eine Vorschrift besagte, dass das Strahlendosimeter immer, außer zum Schwimmen, umzulegen sei. Das Anhängsel wurde jedoch wenig oder fast nie getragen.

Das 2. Minensuchgeschwader befand sich auf dem Wege nach England, um an einem NATO-Manöver teilzunehmen. Der Ernstfall wurde geprobt. Schon bei der ersten Musterung musste, nach vorheriger Ankündigung, das Dosimeter vorgezeigt werden.

Jeder hatte das Ding umhängen, nur einer meiner besten Kameraden nicht. Bei der Musterung stellte ich mich vor ihm auf. Nachdem die erste Reihe überprüft war, nahm ich meine Marke unauffällig ab, reichte sie zurück und nach dem Kommando „Erstes Glied einen Schritt

marsch!“ (mehr Platz war auf dem Deck nicht) konnte er das Blech vorzeigen.

Aber wo war seine Marke? Am Tag vor dem Auslaufen hatte er noch einmal die Lessingstraße in Bremerhaven besucht. Nachdem das Aussehen der Auserwählten, die versprochenen Leistungen und der Preis im richtigen Verhältnis lagen, ging mein Kamerad mit der „Dame“ auf ihr Zimmer, um seine biologischen Kenntnisse über die weibliche Anatomie zu verbessern. Nie war er sehr gewissenhaft, schon überhaupt nicht beim Tragen des Dosimeters. Aber diesmal hatte er es um. Weiß der Teufel warum. Obwohl er sich ganz abgetakelt hatte, ließ er das Ding an, als er in eine mehr oder weniger gleichmäßige Bewegung verfiel.

Lag das Metall auf der Haut auf, war es warm und man merkte es kaum. Wurde es aber in der Luft bewegt, dann kühlte es sehr rasch ab. Jetzt kann man sich vorstellen, dass die Liebesdienerin das Gebammel vor der Nase und die kalten Blechberührungen sehr schnell satt hatte und verlangte, dass das Blech abgelegt wurde. Also zog er das Einzige, was er noch anhatte, entgegen jeglicher Dienstvorschrift aus. Seine Tätigkeit hatte ja bekanntlich nichts mit Schwimmen zu tun. Nach vollbrachter Liebesmühe und glücklich entspannt in der Leistengegend vergaß er beim Aufbrechen sein Strahlendosimeter.

Zurück aus den Gewässern der Limeys, war sein erster Gang in das Lokal, in der die „Schöne" ihre Leistungen anbot. Auf ihre Art waren und sind die hilfsbereiten Dienerinnen der Venus ehrlich und oft auch gewissenhaft. So bekam mein Kamerad sein Strahlendosimeter wieder zurück.

Was hätte sie auch mit der Marke anfangen sollen? Lagen ihre Ausstrahlungen doch auf einem ganz anderen Gebiet!

Schlafbedürfnis

Als junger Mensch in der Entwicklung und ganz besonders als Marineangehöriger hat man ein ungeheures Schlafbedürfnis. Liegt es an der frischen Seeluft, an den aufreibenden Abenden in den Hafenkneipen oder am Dienst? So genau lässt sich das nicht nachvollziehen. Man ist einfach, meist im Dienst, auf eine ganz natürliche Art dösig. Wer von uns kennt nicht den Spruch „Wenn alles schläft und einer spricht, dann ist Unterricht"? Ganz anders und auffallend aufgeweckt ist man plötzlich nach Dienstschluss und vor allem, wenn Landgang bevorsteht.

Ob in der Koje festgeschnallt bei Seegang, auf der Backskiste im Sitzen den Kopf auf der Back, im Bus, im Zug und so weiter, man konnte in allen Lagen ein Auge voll Schlaf nehmen. Einmal, nach einer Silvesternacht in Bremerhaven, ruckste ich in der Kaserne vierundzwanzig Stunden. Hätte der Magen nicht seinen Tribut verlangt, wäre es sicher noch länger geworden.

Das Schlafverlangen war auch immer wieder Anlass für kleinere, überschaubare Dienstvergehen auf den Schiffen.

So konnte man zum Beispiel ganz vorzüglich auf „Jockelwache", neben dem Dieselgenerator, filzen. Der ohrenbetäubende, aber monotone, einlullende Krach des Motors ließ bei jedem schnell Klüsendeckelmanöver fahren. Um bei einer Kontrolle nicht erwischt zu werden, brauchte man sich nur mit dem Rücken an das Schott zu setzen. Beim Öffnen des Durchganges holte das harte

Metall jeden unsanft in die Wirklichkeit zurück und man war augenblicklich hellwach.

Auf den Kohlenbooten des 2. Minensuchgeschwaders musste im Hafen ein Kessel in Betrieb gehalten werden, wenn für Strom und Heizung kein Landanschluss möglich war. Der entsprechend geringe Energieverbrauch für die Kesselanlage verlangte nur hin und wieder, dass man einige Schaufeln Kohle auf die Roste warf. Was lag näher, als auch bei dieser Tätigkeit eine Mütze voll Schlaf zu ergattern? Um rechtzeitig vor Überprüfungen durch Vorgesetzte sicher zu sein, stellten wir ein Streichholz in die etwas mehr als postkartengroße, für den Druckausgleich in der Luftschleuse nötige Klappe im Schott zum Kesselraum. Wurde der Durchlass am Oberdeck geöffnet, dann schlug die Klappe wegen des Druckausgleiches im Niedergang hörbar gegen den Streichholzdruck zu und weckte den torfenden Heizer.

Zur Rechtfertigung der Schlummernden muss jedoch gesagt werde, dass jede Geräuschveränderung an einem Motor oder einer Hilfsmaschine im Unterbewusstsein registriert wurde und sogleich zum Erwachen des routinierten Wachegehenden führte. Man war wie mit unsichtbaren Nervensträngen mit den Anlagen verbunden. Neulinge riskierten in der Regel solch einen Ausflug in träumerische Gefilde nicht.

Mein Lieblingsschlafplatz während der Dienstzeit im Hafen oder in der Werft war auf dem Kessel zwischen den Rauchgasabzügen der Verbrennungsräume. Manche Zeit verbrachte ich selig schlafend auf der weichen Isolierung des Kohlenkessels, als Kissen diente ein alter, nicht ganz sauberer Jutesack. Nur mein bester Kamerad kannte diesen Platz, um mich rechtzeitig zu wahrschauen, wenn man mich suchte oder brauchte. Das nächste Mal passte ich auf, wenn ihn die Müdigkeit überwältigte.

War die unerlaubte Abwesenheit doch einmal aufgefallen, dann konnte man sich immer noch rammdösig stellen und so lange umherquasseln, bis der Frager kopfschüttelnd und mit einem Blick der Verzweiflung über so viel unübersichtliches Geschwafel und die entwaffnende Unbedarftheit des Übeltäters resigniert aufgab.

Ein solches Gespräch konnte sich zum Beispiel so abspielen:

„Ich habe Sie suchen lassen, wo treiben Sie sich rum?"

„In der Maschine, Herr Kaleu."

„Erzählen Sie keinen Quatsch, da waren Sie nicht."

„Doch, aber vorher war ich in K2 und davor in K1."

„Da waren Sie auch nicht, denn ich habe Sie in den Kesselräumen ausrufen lassen."

„Das ist möglich, denn beim Verlassen von K2 wollte ich noch einmal das Öl im Lüfter überprüfen und bin dann gleich über den Notausstieg über das Oberdeck nach K1. Am Oberdeck konnte ich das Ausrufen nicht hören."

„Aber danach waren Sie doch nicht im Maschinenraum."

„Doch, Herr Kaleu, aber nur ganz kurz, denn für das ausgelaufene Öl am Lüfter musste ich Putzwolle im Rudermaschinenraum holen."

Spätestens an dieser Stelle warf ein erfahrener Vorgesetzter das Handtuch, denn sein unschuldig blickender Gegenüber hatte noch einige Räume an Land und manches Schapp in petto, das er aufzählen konnte. Für gewandte Burschen gab es ungeahnte Möglichkeiten zum Verholen. Mit etwas Geschick konnte man bei einem solchen Gespräch sogar noch einen gewissen Diensteifer mimen. Man durfte dabei nur kein zufriedenes Grinsen zeigen. Leicht hängende Schultern waren dagegen sehr gut.

Das zum Schlafbedürfnis. Allerdings, wenn es der Dienst verlangte, waren wir immer sehr aufgeweckt, zuverlässig und bereit, das in uns gesetzte Vertrauen zu rechtfertigen. „Sünden“ muss man zu Anbeginn des Soldatendaseins einfach begehen, um später als Vorgesetzter das unbedingt erforderliche Verständnis dafür aufbringen zu können.

Kohlenübernahme

Als die erste, „gesamtdeutsche" Marine 1848 gegründet wurde, beschaffte man gleich zu Beginn auch Schiffe, die neben den Segeln eine Maschine für die Fortbewegung besaßen. Hatte doch rund achtzig Jahre vorher James Watt die von Thomas Newcomen erfundene atmosphärische Dampfmaschine so verbessert, dass sie nutzbringend eingesetzt werden konnte. Etwa zur gleichen Zeit machte man auch die ersten brauchbaren Erprobungen mit Schiffsschrauben (1800 Versuche des Engländers Edward Shorter; 1827 bekam der k. u. k. Marine-Forstintendant Josef Ressel ein „Privileg für eine Schiffsschraube"; man beachte: „Marine-Forstintendant", er war zuständig für das Holz zum Schiffbau).

Im Annexionskrieg der USA gegen Mexiko 1846 bis 1848 setzte man bereits Dampfkriegsschiffe verstärkt ein. Natürlich waren die frühen Maschinen sehr reparaturanfällig und leistungsschwach. So wurden sie anfänglich meist nur als Hilfsantrieb angesehen. Die Matrosen der Großsegler bezeichneten sie verächtlich als stinkende und qualmende „Smeukewer" und gaben ihnen keine Zukunft. Schnell erkannte man gleichwohl den Vorteil der windunabhängigen Kraftquelle. Es war jedoch der Borniertheit maßgeblicher Admirale und Politiker zu „verdanken", dass doch noch über Jahrzehnte an den Segelschiffen festgehalten wurde. Aber langsam fanden die Segelschiffe bei den Seestreitkräften der Welt immer weniger Fürsprecher. Mitte der achtziger Jahre setzte sich, zum Beispiel bei den Panzerschiffen, jetzt wieder als Linienschiffe bezeichnet, eine völlige Abkehr von der Besegelung durch. Um die Jahrhundertwende waren die Segelschiffe, außer als Schulschiff, fast vollkommen abgeschafft.

Die Dampfkraft bewirkte nicht nur, dass man Schiffe schneller und berechenbarer fortbewegen konnte, sondern sie sorgte auch für Arbeitserleichterung bei den Ruderanlagen, Pumpen, Winden, Richtmechanismen der Geschütze, Lichtmaschinen und vieles andere mehr.

Zwei Probleme stellten sich jedoch gleich am Anfang: Woher und Wohin die „schwarzen Diamanten"? Als Lagerraum für den Brennstoff richtete man auf den Schiffen die so genannten Bunker ein. Wesentlich schwieriger war es, vor allem im Ausland oder gar auf See, Kohlen für die nimmersatten Kessel zu bekommen.

Nachdem nach zirka hundertzehn Jahren die Ära der Kohlen- und nach rund hundertfünfzig Jahren auch die der Dampfschiffe bei der Deutschen Marine endgültig abgelaufen waren, soll an dieser Stelle, gegen das Vergessen, die Übernahme von Kohlen auf einem der letzten Kohlenboote noch einmal geschildert werden.

Wegen der leeren Bunker liegt das Boot, hoch aus dem Wasser ragend, an der Pier. Am Oberdeck sind die wasserdichten Mannlöcher über den Kohlenbunkern geöffnet. Alle-Mann-Manöver! Selbst unsere männliche Florence Nightingale muss sich einmal die Finger schmutzig machen. Nur die Funker, wegen ihrer zarten Patschhändchen und ihres Tastgefühls, brauchen nicht mitarbeiten. Der riesige Greifer des Krans mit seiner Tonnenlast schwebt über der ersten Öffnung und lässt kurz danach die Kohlen auf das Oberdeck niederstürzen. Das ganze Schiff krängt plötzlich unter der Last zur Seite. Eine gewaltige Kohlenstaubwolke steigt hoch und schwebt über dem ganzen Geschehen. Die Männer stürzen sich auf den schwarzen Berg. Mit Schaufeln und Schiebern werden die Kohlen in das enge Loch befördert. Hart und anstrengend ist die Arbeit. Schnell überzieht eine Staubschicht die schwitzenden Körper, das Schiff und selbst das umgebende Hafenwasser. Auf den Gesichtern zeichnen sich langsam die ersten hellen Schweißrinnen ab.

Dann neigt sich der Mast, wie ein riesiger Zeiger, auf die andere Seite; der Greifer hat auch dort seine Last abgeworfen. So geht es abwechselnd. Selbst mit vereinten Kräften ist es fast nicht möglich, vor dem nächsten Abwurf die Kohlen in die Bunker zu schieben. Noch sind sie aber fast leer. In den Kesselräumen sind die Schnellschlussöffnungen zu den Bunkern geöffnet und je ein Heizer versucht, möglichst viele der schwarzen Brocken auf den Flurplatten zu verteilen, denn jede Kohle im Heizraum braucht später nicht erst mühevoll aus den Bunkern geschaufelt zu werden.

Mit jeder Greiferladung nimmt der Tiefgang des Schiffes zu. Langsam werden die Bunker voller. Augen und Lippen bekommen, scharf abgezeichnet, schwarze Ränder. Der fettige Staub frisst sich in die Haut. Das einstige Blau der Arbeitspäckchen ist kaum noch zu erkennen. Wenn überhaupt, dann gibt es nur ganz kurze Pausen. Wie lange geht jetzt schon die Schufterei? Mehr und mehr füllen sich die Bunker. Dann kommt der unangenehmste Moment. Einer der Heizer muss durch das Mannloch. Auf dem Kohlenkegel, auf der Seite liegend, verteilt er den Brennstoff in die Hohlräume der Bunkerecken. Wehe der Kran lädt jetzt seine schwarze Masse ab. Jeder, der einmal in einem Bunker gelegen hat, kennt das unheimliche und beklemmende Gefühl, von dem man beschlichen wird. Die Fantasie treibt den Puls hoch. Nach der folgenden Schüttung kriecht der Nächste in den Bunker. Der Raum zwischen den Kohlen und den Stahlplatten des Oberdecks wird immer enger, die Luft im Bunker immer staubhaltiger. Mit dem Körper stößt man schon an die Flurplatten, dann reicht der Platz nur noch aus, wenn man auf dem Rücken oder auf dem Bauch liegt. Unter Klaustrophobie darf man hier nicht leiden. Zu sehen ist nicht mehr viel, nur die Einstiegsöffnung lässt hoffnungsvoll das Licht erkennen. Raus aus dem Bunker, selbst wenn noch ein paar Schaufeln Kohle mehr gelagert werden könnten. Endlich, der letzte Greifer. Um den Aktionsradius des Schiffes zu vergrößern, wird unter Umständen auch noch eine Decksladung gefahren.

Nach getaner Arbeit grinsen sich die schwarzen Gesichter an. Die malträtierten Muskeln entspannen sich wieder langsam. Die weißen Zähne heben sich deutlich ab und zerschundene Hände heben die Tassen an die Lippen. Das ganze Schiff muss noch gereinigt werden und danach steht eine müde, aber trotzdem fröhlich lärmende Besatzung unter der Dusche.

Zu Kaisers Zeiten spielte die Bordkapelle während der Kohlenübernahme und nach Beendigung des Kohlentrimmens erschallte das aus der Segelschiffzeit übernommene Kommando „Besanschot an!“. Dieser Ausruf rief die Mannschaft zum kostenlosen Alkoholempfang. Ganz so großzügig war die neue Bundesmarine nicht mehr. Über die Bordsprechanlage wurden wir nur mit Konservenmusik berieselt und die unentgeltliche Alkoholzuteilung war leider vollkommen in Vergessenheit geraten. Gratis gab es nur Kujampel, Tee oder Negerschweiß, den manche als Kaffee Marke Herztod bezeichneten.

Eine Kunst war es danach, die Arbeitsklamotten wieder sauber zu bekommen. Der schmierige Kohlenstaub haftete in jeder Faser der Unterwäsche, den Strümpfen, dem Hemd und der Hose. Was mögen die Frauen in den Wäschereien an Land über das verschmutzte Zeug gedacht haben?

Zur Übung wurden einmal auf See vor der Insel Sylt Kohlen übernommen. Kaum war der Anker ausgerauscht und der Roststaub der Ankerkette verraucht, kam eine Schute mit Kohlen längsseits. In stundenlanger Arbeit, mühselig aus Säcken polterten die Kohlen anschließend in die dunklen Bunker. Fast der ganze Tag verging mit dieser mühseligen Schufterei. Danach stachen wir mit unseren Marlspiekern Löcher in einen alten Feuerlöschschlauch und bauten uns eine Dusche auf dem Achterschiff. Umständlich, mit Seewasser und Seewasserseife, versuchten wir unsere Körper zu reinigen. Der Erfolg ließ, wegen des Salzgehaltes des Nordseewassers, sehr zu wünschen übrig. Süßwasser war nicht in ausreichender Menge vorhanden und reichte nur für ein kurzes, sparsames Nachspülen. Das Kojenzeug und die Schlafanzüge sahen nach einigen Tagen entsprechend aus.

Die erfreulichste Kohlenübernahme erlebten wir auf Sardinien im Mittelmeer. Im Hafen von Cagliari brachten uns einheimische Arbeitskräfte den Brennstoff in Körben auf der Schulter auf das Schiff. Nur einige Unteroffiziere führten dabei Aufsicht und wir konnten uns in der Sonne von den Anstrengungen der letzten See- und Hafentage erholen. Leider war das nur einmal während meiner Bordzeit auf den M-Böcken der Fall.

Alltagsjux und Ähnliches

Landratten stellen sich oft vor, dass man, wenn das Schiff in einem Hafen liegt, als Mannschaftsangehöriger nur wenig zu tun hat. Ganz so ist es natürlich nicht. Am Oberdeck, in den Decks und in den technischen Anlagen fallen ständig Arbeiten an.

Nach dem „Reise, reise, aufstehen!" und dem Frühstück wurde geschrubbt, geputzt, ausgebessert, gepönt, zerlegt, zusammengebaut, ausgetauscht, erneuert, Proviant übernommen, gekocht, unterrichtet, geübt, gewaschen und so weiter. In den Maschinenanlagen wurden Ventile gangbar gemacht, Stopfbuchsen nachgelegt, Pumpen überholt, Lager neu gegossen und angepasst, selbst die Ausmauerungen mussten zwischendurch in den Marine-Schulz-Kesseln erneuert werden. Arbeit gab es also immer. Unterbrochen wurden die Tätigkeiten nur von dem beliebten Kommando „Backen und Banken".

Sporadisch begeisterte sich einer der Vorgesetzten daran, dass er plötzlich „Feuer im Schiff!" brüllte. Alle-Mann-Übung, auch Rollenschwof genannt. Jeder nahm sofort seine vorgegebene Aufgabe wahr und wartete danach, bis sich alles wieder beruhigte. Leerlauf gab es also nie.

Nach Dienstende konnten wir über unsere Zeit verfügen, ausgenommen, man war zu einer Wache oder zu bestimmten Tätigkeiten eingeteilt. Eine solche Tätigkeit war zum Beispiel die eines Pantrygastes in der Offiziersmesse. Die Aufgabe bestand darin, das Essen aus der Kombüse zu holen, man musste auf- und abbacken, Pantry und Messe aufklaren, Kaffee oder Tee frisch kochen, zwischendurch ein Ei brutzeln, Bier auftragen und so weiter. Auf See war das eine durchaus angenehme Beschäftigung, denn man hatte nur diese Aufgabe. Im Hafen jedoch war sie weniger beliebt, denn man war auch an den Wochenenden, während der Mahlzeiten und zu Aufräumarbeiten, anwesend. Zusätzlich nützten einige Vorgesetzte ihre Privilegien aus und forderten überdurchschnittlich die Anwesenheit für den Dienst in der Messe. Ein solcher war auch auf unserem Minensuchboot. Sehr oft, wenn die Pantry sauber war, verlangte er noch ein getoastetes Graubrot mit Butter. Nachdem kein Toaster vorhanden war, musste man die abgeschnittene Scheibe auf einer elektrischen Herdplatte anbräunen. Er verlangte blasiert, dass das Brot nicht zu hell und nicht zu dunkel war und dass die Butter, wegen der Wärme, nur leicht in das Brot eindrang.

1. Oktober 1958, es war der Tag, an dem der dreiundzwanzigjährige Elvis Presley, damals schon ein Weltstar, als GI nach Deutschland kam. Ganz Bremerhaven stand Kopf. In der Offiziersmesse hatten, wie üblich, ein Seemann und ein Heizer Dienst. Nachdem die Anlegestelle für den Truppentransporter mit dem Rocksänger leicht zu erlaufen war, büxte der Seemann aus, um sein Idol, wenn auch nur für wenige Sekunden, zu sehen. Der Heizer hatte freiwillig die Aufgaben in der Messe übernommen. Nach dem Essen machte er die Pantry wieder sauber und hoffte auf einige geruhsame Stunden. Plötzlich der bekannte Ruf: „Pantrygast, ein Toast!" Es war doch zum Kotzen! Stinksauer schnitt er eine Scheibe vom Laib, spuckte wutentbrannt auf die Kochplatte und röstete das Brot an. Von da ab, bis zu seiner Zurückversetzung in die Maschinenanlage, spuckte er immer erst auf die Herdplatte, wenn er ein Brot für den „Herrn" anrös-

ten musste. Das war die Rache des kleinen Mannes. Das Opfer hat die Kampagne überlebt.

Im Bereich der Messe waren auch die Unterkünfte der Vorgesetzten. Nach dem Mittagessen legte man sich im Hafen gerne für einige Minuten auf das Ohr. Schnell durchzogen gleichmäßige Atemzüge die offen stehenden Kammern. Einer der Pantrygasten döste meist auf einem Stuhl als Bereitschaft in seiner kleinen Hilfsküche. Zur Ausstattung einiger Räume gehörte ein Waschbecken. Es war in den Mannschaftskreisen allgemein bekannt, dass einer der Kammerbewohner eine schwache Blase hatte. Von Zeit zu Zeit machten sich die Pantrygasten den Spaß, dass sie sich in die entsprechende Kammer schlichen und den Wasserhahn leicht aufdrehten. Schon nach wenigen Minuten zeigte das leise Plätschern seine Wirkung. Der durch den Harndrang Beunruhigte verließ eilig sein Kabuff, vorbei an dem unschuldig blickenden Lord, um sich fluchend zu erleichtern.

Im Vorschiff waren auf den alten Minensuchern, ganz der Tradition entsprechend, die seemännischen Mannschaftsangehörigen auf der Stb-Seite und die Techniker auf der Bb-Seite untergebracht. Nur eine Wand aus kleinen, engen Schränken und Blechkästen für das persönliche Eigentum trennte die Gruppen. Ständig kam es zu kleinen, harmlosen Flachsereien. Da wurde zum Beispiel während des Mittagessens gerufen: „Schmatzt nicht so, ihr Polleraffen!“ Zurück kam: „Ihr Schwarzfüßler, bei euerer Rülpserei kann einem ja das Essen vergehen!“ So oder ähnlich ging es alle Tage, was der Kameradschaft jedoch keinen Abbruch tat. Probleme gab es eher, wenn man länger auf See war. Die Enge, man saß selbst auf den Kloschüsseln ohne Trennwand nebeneinander, ließ für Verschwiegenheit einfach keinen Platz. Das ständige Unausgeschlafensein und vieles mehr zerrten an den Nerven. Kaum im Hafen, war jedoch alles wieder vergessen. Ständig wurden Streiche ausgeheckt. In den Decks kursierten alle nur denkbaren Schmöker, Krimis, Zukunftsromane und Wildwest-Hefte. Selbst Liebesromane fanden ihre Freunde. Zwischendurch machte ich mir den Spaß und tauschte die Seiten der einzelnen Romane aus. Die Heftklammern wurden vorsichtig aufgebogen und der Krimi bekam einige Seiten aus einem Liebesroman. Umgekehrt befand sich plötzlich ein mehrfacher Mörder mitten in einer schmalzigen Liebesgeschichte. Von fürchterlichen Flüchen verfolgt flogen solche Hefte durch den Raum oder durch das Bulleye, wenn wieder einmal einer auf einen derartigen Schabernack hereingefallen war. In solchen Momenten war es fast lebensgefährlich, wenn man sich zu seiner Übeltat bekannte.

Wie schon oben bemerkt, nahm man sich gegenseitig gerne hoch. Da ärgerte der Seemann den Heizer, der Norddeutsche den Bayern und umgekehrt. Der Rheinländer wurde wegen seines liebenswerten Dialektes aufgezogen und der Berliner wegen seiner sprichwörtlichen Schnauze. Leider gab es, wegen der damaligen DDR, zu unserer Zeit noch keine Sachsen in unserem Kreis. Wie herrlich hätte man die „Gaffeegocher“ mit ihren „Ganarienvögeln“ foppen können. Eine besondere Schadenfreude für die Heizer auf den Dampfschiffen war es, wenn die Seeleute ihr Reinschiff beendet hatten und danach rußgeblasen wurde. Das Rußblasen (das Reinigen der Wasserrohre im Kessel von Ablagerungen) war natürlich während und nach dem Reinschiff nicht erlaubt und wurde immer extra angesetzt. Aber wer konnte einem Heizer schon etwas diktieren? Die schmierig schwarzen, langsam in der Feuchtigkeit verlaufenden Heizergrüße rührten jeden Smadding und seine Feudelschwinger zu Tränen und manch fürchterlicher Fluch wurde über den Häuptern der Frevler ausgestoßen. Man konnte immer damit rechnen, dass sich die Seeleute rächten, indem sie mit dem C-Schlauch in die weiten Ansaugöffnungen der Lüfter spritzten und man im Kesselraum plötzlich ungewollt unter einer Seewasserdusche stand.

Großzügig bezeichnete man alle, die über der Mainlinie geboren wurden, als Preußen. Bei jeder sich bietenden Gelegenheit machte man die Bayern darauf aufmerksam, dass man erst vor wenigen Jahren bei ihnen Messer und Gabel und den aufrechten Gang eingeführt hätte. Diese konterten, dass man in Preußen noch mit der Kutsche durch die unzähligen Schlammlöcher gefahren sei, als im Süden schon die ersten Eisenbahnen fuhren. Den Norddeutschen hielt man bei den herrlichen Wortgefechten vor, dass sie noch nach Wattwürmern für ihre hungernden Kindern suchten, als in Bayern schon die erste Satellitenrichtfunkstelle ihren Dienst tat.

Umwerfend war es, wenn sich unsere Rheinländer, vor allem die Kölner, in ihrem Dialekt unterhielten. Anfangs schüttelten die hochdeutsch sprechenden Kameraden ihre Köpfe über die meist gut gelaunten Burschen und über ihre Ausdrucksweise. Komisch war nur, dass das Rheinländische das Hochdeutsch langsam und unbemerkt unterwanderte und einzelne Redewendungen oder Worte plötzlich auch von Nichtrheinländern benutzt wurden. Nicht umsonst erzählt man sich die Anekdote von einer Mutter aus Köln, die ihren Sohn in ein Dorf in der Nähe von Hannover schickte. Er sollte eine bessere Aussprache lernen. Nach einiger Zeit rief sie ihren Filius an, um sich nach den sprachlichen Fortschritten zu erkundigen. Ihr Junge erklärte ihr darauf, dass er immer noch wie früher sprechen würde, die Dorfbewohner sprächen aber inzwischen alle Kölsch.

Für unsere Berliner gab es nur einige wenige Einheitsnamen. Sie wurden entweder Atze oder Icke gerufen. Wegen ihrer bekannten Schnauze hatten sie einiges auszustehen. Einer, nennen wir ihn Icke, hielt seinen Schnabel nur, wenn er beim Essen war. Dort benutzte er sein Mundwerk ausschließlich als Futterluke. Fast immer war er als Erster mit der Suppe fertig. Kaum dass er den Löffel weggelegt hatte, kreiste seine Gabel über den Fleischstücken und mit „Kennerblick das größte Stück", angelte er sich gekonnt den voluminösesten Happen. Als ihn einer der langsameren Esser einmal darauf ansprach, dass das nicht ganz die feine Art sei, fragte er: „Würdest du freiwillig das kleinere Stück nehmen?", und als der andere das bejahte, war seine Antwort: „Jetzt hast du es ja auch."

Selbst zwischen den Booten gab es scherzhafte Auseinandersetzungen. Als wir einmal tagelang durch die Ostsee gegurkt waren und alle nur möglichen Fahrformationen mit den Booten geübt hatten, lagen wir mit dem Geschwader in der Bucht von Eckernförde für eine Nacht vor Anker. Auf dem Geschwaderboot SEESCHLANGE befanden sich der Geschwaderchef FK Bredekamp und als Kommandant KL Schmidt (man möge mir verzeihen, dass ich an dieser Stelle die richtigen Namen benutze). Nachdem die Anordnungen für die vielen Manöver während des Tages von SEESCHLANGE ausgingen, besetzte man auf einem der Minensucher in der Nacht ein Schlauchboot und paddelte geräuschlos, eine dunkle Decke zur Tarnung über den Köpfen und dem gelben Schlauchboot, zum Führungsboot. Mit großen, augenfälligen Lettern schrieb man auf das Heck „Fahrschule Bredeschmidt".

Am nächsten Tag, beim Auslaufen aus der Bucht, wurde der Kommandant auf seine neue Firmenbezeichnung aufmerksam gemacht. Noch nie war ein Seemann so schnell mit einem Farbeimer und einer Quaste über das Oberdeck geflitzt, um die Freveltat zu überstreichen.

Lag das Geschwader vor Anker, dann nützten selbst die Schiffsführungen die nächtlichen Stunden für Streiche. So entführte man gerne des Nachts Schiffsglocken. Keine leichte Aufgabe, denn man musste erst zu dem schwojenden Schiff gelangen, geräuschlos an Oberdeck steigen, von den Posten ungesehen die Glocke abnehmen und danach wieder zum eigenen Boot paddeln. War ein solcher Schabernack gelungen, dann konnte die Schiffsglocke nur mit Sekt wieder ausgelöst werden. Bei einer solchen Aktion wurde einmal ein „feindliches" Schlauchboot frühzeitig entdeckt, als es sich unter dem überhängenden Heck des Minensuchbootes verstecken wollte. Jetzt war es auf diesen Booten üblich, dass man auf See zum Verrichten des kleinen Geschäftes genau diese Stelle benutzte. Schnell wurden einige Kameraden ge-

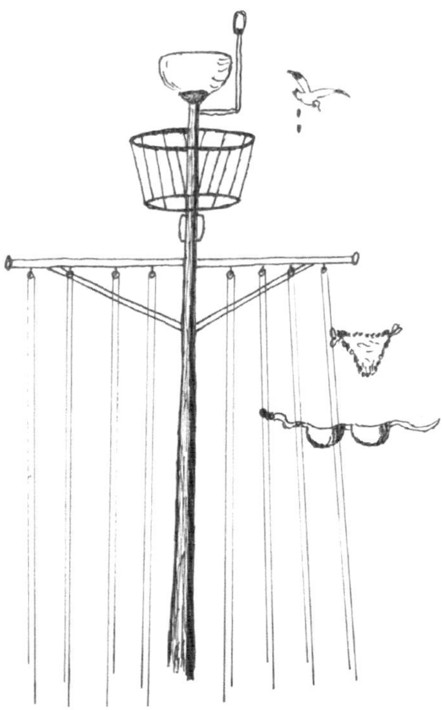

rufen und gemeinsam sorgte man mit einer lauwarmen Dusche für die Vertreibung der Angreifer.

Zurück im Hafen kam es immer wieder vor, dass am Morgen, wenn sich das erste Leben auf den Schiffen regte, an den Flaggleinen am Mast reizvolle Dessous vom Wind bewegt wurden. In der Regel waren es Trophäen der vorhergegangenen Nacht, die man bei der Heimkehr heimlich hochgezogen hatte.

Dies waren nur einige Schabernackbeispiele. Der Einfallsreichtum der Seeleute für solche Taten war und ist unerschöpflich.

Die Silvesternacht

Ende 1958 wurden sieben Fregatten in England für die Bundesmarine von den deutschen Besatzungen übernommen. Sie mussten die Anfangsjahre, bis die ersten eigenen Neubauten fertig gestellt waren, überbrücken. Es waren allgemein Schiffe aus dem Zweiten Weltkrieg, die man als Reserveschiffe in der Royal Navy geführt hatte. Das Pikante dabei war, dass ausgerechnet diese Schiffstypen in den letzten Kriegsjahren mit entscheidend dazu beigetragen hatten, dass eine Vielzahl deutscher U-Boote durch die so genannten „Killer Groups" vernichtet wurde. Jetzt, unter deutscher Flagge, bekamen sie zum Teil Namen aus dieser Zeit oder aus der frühen maritimen deutschen Geschichte wie GNEISENAU, F 212 (ex OAKLEY II), SCHARNHORST, F 213 (ex MERMAID), HIPPER, F 214 (ex ACTAEON), GRAF SPEE, F 215 (ex FLAMINGO), SCHEER, F 216 (ex HART), RAULE, F 217 (ex ALBRIGHTON) und BROMMY, F 218 (ex EGGESFORD).

Wir lagen mit sechs Booten des 2. Minensuchgeschwaders im Dezember 1958 in Bremerhaven. Die Schulfregatte HIPPER machte das erste Mal in einem deutschen Hafen fest und lag genau hinter uns an der früheren Zerstörerpier. Etwas neidvoll blickten wir von unseren kleineren Booten auf das Schiff. Ich konnte zu dieser Zeit noch nicht wissen, dass ich später einmal zwei interessante Jahre darauf verbringen würde.

Auf diesem Schiff fuhr in der Schreibstube mein Kamerad Manfred, mit dem ich die Rekrutenzeit auf der gleichen Bude verbracht hatte. So kam es, nachdem ich schon ausgiebig mit meinen Bordkameraden gefeiert hatte, dass ich einige der letzten Abendstunden vor dem Jahreswechsel auf der HIPPER verbrachte. Meine Stimmung war entsprechend der Vorfeier. Schnell wurden alte Freundschaften aufgefrischt und neue geknüpft. Sehr zum Vorteil war, dass mein früherer Stubenkollege Manfred, auch aus Franken stammend, der zuständige Mann für die Kantinenlast der HIPPER war. So fehlte es nie an dem nötigen Nachschub und unsere Gefühle strebten dem Höhepunkt zu. Ganz „zufällig" geriet dabei ein rohes Ei in die Schreibmaschine und das Spiel mit den Tasten machte daraus eine undefinierbare, schleimige Masse. Als wir kurz danach Zielwerfen durch das Bulleye mit Radiergummis unternahmen, stellte uns einer der vorbeikommenden Vorgesetzten zur Rede. Dieser militärische Ton war in der Form auf unseren Minensuchern nicht üblich und es wurde Zeit, dass ich wieder auf unser Boot SEELÖWE zurückging. Dort suchte ich einen Schlafplatz. Im Deck wurde noch ausgiebig gefeiert. So verkroch ich mich im Hängemattenschapp. Die Enge zwischen den gezurrten, aufrecht stehenden Schlafvorrichtungen machte mir in meinem Zustand überhaupt nichts aus.

Plötzlich wurde ich durch das Heulen der Schiffssirenen und durch die Silvesterknallerei geweckt. Es war vierundzwanzig Uhr. Vorsichtig, den schweren Poller schonend, kroch ich aus meinem Lager, um den Jahreswechsel aufrecht zu erleben. Die frische Luft am Oberdeck gab mir meine Lebensgeister wieder etwas zurück. Der geräuschvolle Höhepunkt der Silvesternacht neigte sich dabei schon langsam seinem Ende zu. Dabei hatte ich noch nicht einmal sehr viel davon mitbekommen. So wie mir war es noch einigen Kameraden ergangen. Wir wollten doch auch das neue Jahr gebührend begrüßen. Einer machte den Vorschlag: „Auf der Brücke ist eine Kiste mit Notsignal. Damit machen wir jetzt unser Feuerwerk.“ Gesagt, getan, schnell war die Kiste auf, die Pistolen geladen und schon schossen die ersten Leuchtspurkugeln in den Himmel. Auf einmal war das Toben des O.v.D. zu hören. Er fiel aus allen Wolken, als er unser Tun erst richtig bemerkte und unsere grinsenden Gesichter sah. Augenblicklich mussten wir unser Feuerwerk beenden. Dabei hatte es doch erst so schön begonnen.

Am Morgen darauf war der Teufel los. Wie konnte man unsere Brummschädel nur so anschreien? Das neue Jahr fing ja richtig schön an! Alle „Feuerwerker“ bekamen mehrere Tage Ausgangsverbot. Anscheinend hatten aber auch einige unserer Vorgesetzten kein ganz reines Gewissen, denn mehr als zulässig waren in der Silvesternacht zu Hause geblieben oder hatten die Stunden bei Bekannten verbracht. Die Aufsicht über unseren wilden Haufen war dadurch mehr als dürftig. Zum Glück regelte man damals auf den Kohlenschiffen fast alle Bestrafungen noch bordintern. So wurde auch unser Vergehen nie aktenkundig.

See- und Opfergang

Nachdem diese Zeilen nicht nur für erfahrene Seeleute, sondern auch für „Sehleute" geschrieben wurden, soll einmal eine tragikomische Krankheit angeschnitten werden, von der manche Menschen befallen werden, wenn sie sich auf ein Schiff wagen und sich freiwillig oder unfreiwillig den Mächten der See aussetzen. Vielgestaltig sind die Spielarten der Seekrankheit. Überhaupt nicht komisch kommt es jedoch den Menschen vor, die eine solche begrenzte Leidenszeit über sich ergehen lassen müssen.

Es gibt Tage und Ereignisse im Leben eines Menschen, die er nie vergisst. Ein solcher Tag war für mich, als ich das erste Mal zur See fuhr. Vier Stunden vor dem Auslaufen aus Bremerhaven hatten wir „Feuer aufgemacht". Während dieser Zeit sprach man davon, dass das Wetter in der Deutschen Bucht sehr schlecht sei und dass wir, so die blumenreiche Ausdrucksweise der Seeleute, „einen vorm Arsch bekommen". Nachdem es mir schon als Kind in Karussells öfter schlecht wurde, war ich überzeugt, dass mir, kaum in der Nordsee, das Essen aus dem Gesicht fallen würde. Eines tröstete mich, die ganze „Reise" führte nur nach Kiel und die Strecke von Bremerhaven nach Brunsbüttelkoog, der Kanaleinfahrt zum Nord-Ostsee-Kanal, würde ich wohl hinlänglich überleben. Betroffen richteten sich von Zeit zu Zeit meine Augen zum Himmel. Dort jagten sich die Wolken und gingen wenig später in ein ungestümes Gewoge über. Schon im Bereich der Wesermündung nahmen die

Schiffsbewegungen unangenehm zu. Als wir in östlicher Richtung drehten, zollten die Ersten Neptun ihren Tribut. Erzählungen von der „Mordsee" gingen mir durch den Kopf. Obwohl ich auf das Schlimmste vorbereitet war, überstand ich die Kurzreise schadlos. Ich wurde nicht seekrank und auch später befiel mich diese diabolische Krankheit zum Glück nie.

Um das Tohuwabohu eines Sturmes und die dazu gehörenden Seekranken zu illustrieren, sei hier ein solches Geschehnis einmal etwas ausführlicher aufgeführt.

10. Januar 1959, das 2. Minensuchgeschwader legte in Kiel von der Tirpitzmole zur 7. AAR (Gruppe B) für Offiziersanwärter ins Mittelmeer ab. Der erste Hafen im Ausland sollte Cherbourg in Frankreich sein. Es kam jedoch anders. Kaum aus dem Nord-Ostsee-Kanal merkten wir, dass uns unser Heimatgewässer, die Nordsee, einen recht unsanften Empfang bereiten würde. Noch in der Elbe sprangen uns sogleich die Wellen an. Gischt sprühte über das Vorschiff. „Bannig schlechtes Wetter", sagt der Seemann dazu. Die Boote begannen unangenehm zu stampfen. Noch konnte man es aushalten, mitschwingen und die Schiffsbewegungen ausbalancieren. Die vertraute Routine mit den Wachwechseln nahm ihren Lauf. Vorsorglich wurden alle Gegenstände am Oberdeck zusätzlich gesichert und festgezurrt. Wir waren auf der Höhe von Neuwerk. Den massigen Turm auf der Insel konnte man kaum ausmachen. Der Stiem nahm immer mehr zu. Langsam spielte der Sturm an den Flaggleinen am Mast zum unfreiwilligen Tanz auf den Wogen auf. Die Boote stampften und gierten, sodass man immer wieder den mennigroten Unterwasseranstrich der nächsten Minensucher sehen konnte.

Die Dörfer hinter dem Deich duckten sich vor dem Unwetter. Nur die Türme der Kirchen trotzten kühn hervorragend dem Chaos der Elemente. „De armen Lüd an Land!“, denkt dabei so mancher Seemann mit Galgenhumor.

In den Gotteshäusern betete man in früheren Zeiten bei solchen Stürmen: „Herr, segne unseren Strand!“ Was nichts anderes ausdrücken sollte als: „Lass viele Schiffe scheitern, damit wir uns an der Ladung bereichern können!“ Um die Strandung eines Schiffe zu forcieren, führte man zusätzlich bei Nacht ein Pferd mit einer Laterne am Hals durch das seichte Watt. Die Kapitäne glaubten ein Schiff vor sich zu haben und steuerten erleichtert ihren Kurs weiter. Fatalerweise mussten sie danach feststellen, dass sie einer teuflischen List zum Opfer gefallen waren. Zum Glück gehören solche Vorkommnisse längst der Vergangenheit an. Heute setzen mutige Männer ihr Leben dafür ein, dass die See möglichst wenig Opfer fordert.

Die Kimm war unsichtig, grau und übergangslos. Die Ersten standen bleichgesichtig an der Reling und fütterten unfreiwillig die Außenbordkameraden. Immer mehr türmten sich die Wellen, um sich danach auf die Boote zu stürzen. Alles was nicht sicher untergebracht oder verstaut war, ging über Stag. Von den Spitzen der durcheinander schießenden Wasserberge riss der Wind den Wasserstaub. Beharrlich und verbissen kämpften die grauen Bootskörper, bewegt von der vorwärts treibenden Schraubenkraft, gegen die anrennenden Seen. Dicker, schwarzer Rauch quoll aus den Schornsteinen und Funken sprühten. Ringsum schäumte und brodelte, zischte und krachte es. Immer höhere Wasserberge rollten drohend heran. Oft verschwanden die anderen kämpfenden Schiffe ganz aus der Sicht im tobenden Element. Und wie die Stahlkörper schwankten! Keiner konnte einen Schritt machen, stehen, sitzen oder liegen, ohne sich zur gleichen Zeit an feste Gegenstände zu klammern. „Eine Hand fürs Schiff und eine Hand für dich“, wehe dem, der diesen Spruch nicht beherzigte. Man musste höllisch darauf achten, dass man sich keine blauen Flecken holte oder gar die Knochen brach. Ein Blick zu den restlichen Dampfern des Geschwaders zeigte immer mehr die Intensität des Orkans. Fast bekam man Mitleid mit den Kameraden auf den übrigen Steamern. Dabei war man selbst in der gleichen, unerfreulichen Situation. Die Minensucher arbeiteten außerordentlich schwer in der tobenden See und kämpften sich weiter durch das wilde Durcheinander des fast systemlosen Wellenchaos. Zwischendurch krachte es fürchterlich, wenn das Boot in die Wellen schlug, und man spürte ein Vibrieren unter den Füßen. Mittendrin kamen achtern die Schrauben frei, die Maschinen drehten plötzlich hoch, bis die Propeller jäh wieder eintauchten und für normale Umdrehungen sorgten. Man musste sich wundern, dass die nur zweiundsechzig Meter langen Schiffe ein solches Furioso überhaupt überstanden. Am Oberdeck hatte man zum Festhalten rechtzeitig Strecktaue gespannt. Dabei war das Betreten des Oberdecks überhaupt nicht mehr möglich und längst verboten. Die salzige See überschüttete die Reling und bevor das Wasser über die Speigatte ablaufen konnte, stürzte der nächste Brecher der brausenden Quersee über die Bordwände der Boote. Man hatte den Eindruck, es weht zur gleichen Zeit aus allen Richtungen. Inzwischen hatte es einige der gelben Schwimmer für die Minensuchgeräte aus den soliden Zurrings gerissen und sie wurden Opfer der kochenden See. Ölfässer, die man wegen der langen Reise zusätzlich mitgenommen hatte und die am Oberdeck befestigt waren, folgten. Nur die schwere Rabatzboje stand unerschütterlich in ihrer Halterung am Oberdeck.

Dann musste unsere Wache aufziehen. Wir stiegen hinab in den Kesselraum mit seiner Anhäufung von Rohren, Ventilen, Manometern, Rädern und Hilfsmaschinen. Trotz des Luftaustausches umfing uns der unverkennbare Geruch nach Öl, Dampf und Schweiß. Die Wasserstandsgläser am Kessel waren, je nach Schiffsbewegung, einmal abgesoffen und einmal leer. Nach was sollte man sich richten? Geräuschvoll schoss das Wasser in der Bilge durch die Öffnungen der Prallbleche. Irgendwo schlug ein Gegenstand, der nicht richtig befestigt war. Sogleich entleerte sich einer über die Kohlen. Nur, der Mageninhalt hatte wieder einmal die falsche Richtung eingeschlagen. Zum Glück wurde der säuerliche Geruch von der Gebläseluft in die Verbrennung gedrückt. Unsere Schaufelversuche gingen, wegen der heftigen Schlingerbewegungen des Schiffes, oft fehl. Die Schippe schlug an den Rand der Feuerungsöffnung. Der größte Teil des Schaufelinhaltes landete unvorhergesehen auf den Flurplatten und nicht auf der Glut. Dabei war es überaus wichtig, die Roste richtig zu beschicken. Mindestens neun gehäufte Schaufeln pro Schippvorgang waren nötig. Die erste links hinten, dann die Mitte hinten, rechts hinten, und so weiter, bis der Glutberg gleichmäßig bedeckt war. Nur so wurde die riesige Oberfläche der vielen Wasserrohre durch die Verbrennungsluft, die von unten durch die Feuerung drang, nicht kaltgeblasen. Zwischenzeitlich schmerzten der Rücken und die geprellten Handgelenke. Die Kanten der Kohlenschaufeln rollten sich durch das ungewollte Anschlagen an der Feuerungsöffnung langsam zu Schnecken auf. Beim Beschicken der nimmersatten Feuerungen mussten wir uns gegenseitig stützen. Leider kam von den Kameraden auf Grund der lähmenden Seekrankheit immer weniger Unterstützung. Schließlich wurden sie in ihre Kojen entlassen und waren somit wenigstens aus dem Wege. Nach mehr als zehn Stunden ohne Ablösung gelang es nur noch mit höchster Willensanspannung, den Körper zu der nötigen mechanischen Leistung zu zwingen. Uns schmerzten alle Gliedmaßen. Das war knüppelharte Arbeit und hatte überhaupt nichts mehr mit der Traumschiffromantik mancher Filme zu tun. Hunger quälte den Magen. Ein Kochen war nicht mehr möglich. Kein Topf hielt mehr auf dem Herd. Wie gerne hätten wir in unserer Lage einen kräftigen Schlag Labskaus zu uns genommen. Das alte Seemannsessen konnte unser Smut fabelhaft zubereiten und das geschmackvolle Gemenge hätte sich in dieser Situation prima schlucken lassen. So bestand unser „luxuriöses, kaltes Büfett" nur aus Schmalzbroten mit Kohlenstaubauflage. Das Zeug wurde mit abgestandenem Kujampel hinuntergespült. Auf die Toilette konnte keiner mehr gehen. Dazu war keine Zeit und der Weg über das Oberdeck zu gefährlich. So wurde einfach in die Kohlen gepinkelt. Kein Problem, denn das war auch bei weniger Seegang in den Kesselräumen durchaus üblich.

Das Achterschiff sackte langsam immer mehr ab. Wegen einer Leckage strömte tonnenweise Seewasser in das Schiff. Nur die Abschottung bewahrte uns vor noch größerem Schaden. Die Rudermaschine war ausgefallen. Durch das eingedrungene Wasser schwammen Twist und Putzlappen auf und hatten so die Ritzel der Rudergestänge ungangbar gemacht. Zum Glück konnte man mit den Schiffsschrauben steuern. Für uns im Kessel eine zusätzliche Belastung, denn jedes zusätzliche Maschinenmanöver forderte mehr Dampf und somit auch mehr Arbeit und Schweiß.

Eine Ablösung im Kesselraum war nicht realisierbar, denn die sterbenselenden Seekranken waren zu schwach und vollkommen apathisch. Die Feuerungen verschlackten immer mehr. Eine Feuerreinigung konnte unmöglich mehr durchgeführt werden. Um der dringend nötigen Verbrennungsluft einen Weg durch die unaufhörlich dicker werdende Schlacke zu schaffen, musste immer öfter einer der Poker, eine schwere Eisenstange, eingesetzt werden. Selbst der selten benutzte, zentnerschwere Herzpoker kam zum Einsatz. Dieser konnte nur von zwei Personen durch das total verschlackte Feuer gestoßen werden. Schlecht und recht zogen wir immer wieder Schlackenplatten aus der strahlenden Feuerung. Ganz unangenehm war der aufsteigende heiße Dampf, wenn man die noch glühenden Rückstände danach auf den Flurplatten ablöschte.

Das Geschwader wurde mehr und mehr auseinander gerissen. Unsere Schiffe, SEELÖWE und SEESTERN (Maschinenschaden), bekamen langsam Probleme. Als Nothafen wurde Den Helder in Holland vorgesehen und angelaufen. Langsam kam die Küste in Sicht. Aber noch wurde unser leckes Boot von den achterlichen Wogen in die See gedrückt. Wie wohltuend war es nach all den Strapazen, als wir in den Hafen einliefen. Die Schiffsbewegungen wurden langsam weniger und hörten dann plötzlich ganz auf. Der „Blanke Hans" war wieder einmal besiegt.

Nach und nach liefen alle Boote, mehr oder weniger ramponiert, im holländischen Hafen ein. Die Seekranken bekamen wieder Farbe. Noch etwas schwach auf den Beinen und hungrig, ansonsten aber ausgeruht, gingen die Piepels bei der ersten Gelegenheit an Land. Wir, die nicht seekrank wurden und bis zu vierzehn Stunden Schufterei hinter uns hatten, machten schon nach den ersten Bieren schlapp und zogen uns auf unsere Boote in die Kojen zurück. Ein bleierner Schlaf sorgte für die Erholung der erschöpften Körper. Unterdessen wurden die eingedrungenen Wassermassen von einer holländischen Feuerwehr aus unserem Minensucher gepumpt.

Unsere ehemals seekranken „Helden" ließen sich von den Schlitzmatrosen der holländischen Marine bewundern. Wussten diese doch von den Wetterberichten und der ganzen Aufregung im Hafen, was wir in den vergangenen Stunden erlebt und durchgemacht hatten. Außerdem bekamen sie auf ihrem Wohnschiff, dem „Schiff mit den vielen Löchern", das Einlaufen der angeschlagenen Boote mit.

Das mit der Seekrankheit ist so eine Sache. Es gibt Menschen, die werden nie seekrank. Andere werden einmal krank und werden danach nicht mehr befallen. Dann gibt es welche, die erwischt es immer. Selbst beim geringsten Schlingern treten sie schon ihren Opfergang an. Einmal bekamen wir einen Neuen auf unser Schiff, dem wurde schon übel, wenn er nur durch das Bullauge sah und das geringe Auf und Ab des Schiffes an der Pier feststellen konnte. Er ließ sich umgehend zum Heer versetzen. Dann gibt es Personen, denen es beim entsprechenden Seegang nur anfangs schlecht wird. Nach einer gewissen Gewöhnung wird es langsam besser und hört danach, bis zur nächsten Seefahrt, vollkommen auf. Selbst anfällige Altgediente erwischt es, trotz einer gewissen Anpassung, immer wieder. Kein Kapitän und kein Matrose sind dagegen gefeit, wenn sie für die Seekrankheit empfänglich sind. Selbst Seevögel werden seekrank, wenn sie bei Sturm auf einem Schiff landen oder gehalten werden.

Schon um 1535 schrieb Bischof Guevara über eine Fahrt im Mittelmeer und der damit verbundenen Seekrankheit: „Ach, so ein Sturm! Du beginnst zu wanken wie das Schiff. Du übergibst dich, über die Bordwand

würgend. Du sinkst leblos nieder. Hoffe da nicht auf irgendeine mildtätige Hand, die dir den Kopf hält! Die Leute um dich herum bersten vor Lachen. Und dir ist, als müsstest du sterben, aber nicht als frommer Christ, sondern als elendes Stück Viehzeug."

Da fällt mir wieder eine einmal gelesene Geschichte von einer Neujahrsrede eines Kapitäns bei einem Sturm ein: „Meine Herrschaften, ich bin so glücklich, Ihrer fünfunddreißig in dieser feierlichen Stunde um mich zu sehen. Ich benütze gern die Gelegenheit, um meinen einunddreißig Zuhörern am heutigen Abend von Herzen alles Gute für das kommende Jahr zu wünschen und ich dehne diese meine Wünsche auch auf die Familien der hier dreiundzwanzig Gegenwärtigen aus. Ich bitte Sie daher, alle siebzehn die Gläser zu heben, um auf das Wohl der neun Tischgäste zu trinken. Liebe Anwesende, auf Ihre Köpfe flehe ich das Glück des Himmels herab. Und mit dem Wunsch ‚Prosit Neujahr!' schließe ich hiermit die Rede – mein Herr!"

Für uns „Glücklichen" hatte jeder schwere Seegang ein kleines Fest zur Folge. Konnten wir doch die Fleischzuteilung unserer fahlgesichtigen Kameraden zusätzlich verdrücken. Genüsslich machten wir uns über die verschmähten Portionen her, während die Leidensgenossen sprungbereit mit leidenden Mienen angeekelt wegsahen. Es bereitete uns immer wieder Spaß, die Schiffsbewegungen auszunützen. Verlangte einer etwas vom Tisch und sagte: „Schieb mal den Vogel (wie Hein Seemann alles und vieles benennt) durch", dann wartete man die nächste Schräglage des Schiffes ab und die Schüssel oder der Fleischteller rutschte von selbst zum nächsten hungrigen Empfänger. Noch besser ging das Spiel mit Orangen oder Äpfeln. Damit die ganze Bescherung nicht auf dem Boden landete, konnte man am Rand der Back Schlingerleisten aufstellen oder einstecken. Die Uraltstory mit dem Speck am Faden, den man nach dem Schlucken wieder hochzieht, damit es den Seekranken noch schlechter wird, habe ich nie erlebt.

Jeder Leidgeprüfte ertrug sein Schicksal auf eine andere Art. Etliche wollten nur einfach sterben. Einzelne stellten ernste Überlegungen an, ob sie nicht außenbords springen sollten. Ein Bad solcher Art sollte man doch tunlichst vermeiden und zum Glück ist es nie vorgekommen. Ein Kamerad ist mir in Erinnerung, der bekam plötzlich einen Reinlichkeitsfimmel. Merkte er, dass der Seegang für ihn unangenehm wurde, griff er sich einen Besen und fegte das Deck oder putzte Messing mit einer übernatürlichen Hingabe, um sich abzulenken. Einer kauerte in einer Ecke auf den Flurplatten des Kesselraumes und nahm es stoisch hin, dass das warme Schmieröl eines Gebläses auf seine Haare tropfte, um danach über das eingefallene Gesicht in das Arbeitshemd zu laufen. Freiwillig war er nicht dazu zu bewegen, auch nur einen halben Meter zur Seite zu rücken, um der Tropferei zu entgehen. Einer, aus Köln stammend, nahm die ganze Angelegenheit eher gelassen. Er unterhielt sich unerschütterlich mit seinen Kameraden am Oberdeck, drehte den Kopf Richtung Wasser, entleerte sich, wischte mit dem Handrücken über den Mund und sprach danach weiter, als ob überhaupt nichts gewesen wäre. Er konnte dabei sogar lachen. Einer, der nach einem Unfall einen Zahnersatz benötigte, spuckte die Prothese mit dem Mageninhalt auf die Kohlenschaufel, fischte sie aus der undefinierbaren, körperwarmen Masse, spülte sie mit Kesselspeisewasser ab, setzte sie ein und ging wieder seinen Aufgaben nach. Mit seinem unerschütterlichen Phlegma nahm er das Unabwendbare gleichmütig hin.

Wie üblich durften sich die Seekranken die dämlichen Sprüche anhören, die man sicher schon zu Störtebekers Zeiten schadenfroh angebracht hat, wie zum Beispiel: „Nicht gegen den Wind kotzen", und: „Wenn der braune Ring kommt (Schließmuskel), musst du wieder schlucken", und so weiter. Wie anteilnehmend waren doch die edelmütigen Kameraden.

Was hat man nicht schon alles versucht, um dieser niederträchtigen Krankheit zu entgehen. Tabletten werden gereicht, an die frische Luft soll man gehen, andere raten zum Hinlegen. Eine rohe Kartoffel soll man mit der Hand drücken. Alles hilft nichts oder sorgt nur für eine kleine Erleichterung. Alle „Vorbeugemittel" sind unnötig. Wenn das eingenommene Mahl die falsche Richtung nimmt, dann beugt man sich ohnehin automatisch vor. Steht der Dampfer wirklich „Kopf", schlägt das Schicksal unbarmherzig zu, dann hilft selbst kein Zaubertrank.

Und doch, ein Mittel gibt es. Man braucht sich nur unter eine hundertjährige Eiche zu legen und man wird garantiert nicht seekrank. Versprochen!

Die verpasste Flaggenparade

Gegen Ende unserer Mittelmeerreise lief das Geschwader als letzten Hafen Portsmouth in England an. Die Liegeplätze waren, im Gegensatz zu den damaligen deutschen Marinehäfen, voll mit Kriegsschiffen. Während des Einlaufmanövers fiel ein abgetakelter Segelschiffsrumpf aus der Zeit vor 1900 ins Auge, der noch als Hulk diente. Selbst ein riesiges Schlachtschiff aus dem Zweiten Weltkrieg, die 1942 für neun Millionen Pfund Sterling gebaute VANGUARD mit zweiundvierzigtausend Tonnen, dümpelte an ihren Ketten im Wasser und zeugte in ihrer Monströsität von Britanniens längst verlorener Glorie, nachdem den Inselbewohnern zwischenzeitlich ihr Weltreich irgendwie abhanden gekommen war. Zwei Jahre später wurde auf dem Schiff das „White Ensign" eingeholt und das schwimmende Relikt, ohne je einen ernsthaften Schuss abgegeben zu haben, verschrottet.

Unsere Boote machten im Dreierpäckchen, sauber ausgerichtet, an der Pier fest. Nur SEESCHLANGE, das größere Geschwaderboot, hob sich etwas von den anderen fünf Minensuchern ab.

Am nächsten Tag nützten wir die Zeit für einen Ausflug nach London. Damals befand sich noch keine Absperrung an der Einmündung zur Downing Street und man konnte sich als Fremder vor der wohl berühmtesten Haustür der Welt mit der Hausnummer 10 vollkommen unbehelligt die Beine vertreten. Am Buckingham-Palast standen die Wachsoldaten noch unbeweglich vor der

Umzäunung und waren den Küssen aufdringlicher, nicht immer partout begehrenswerter Mädchen schutzlos ausgesetzt.

Beim Mittagessen konnten wir feststellen, dass die Briten wenig oder nichts von den vorzüglichen Küchen ihrer früheren Kolonien übernommen beziehungsweise gelernt hatten. Bekanntlich kommen alle braven Seeleute in den Himmel. Welch ein Glück, denn kämen wir in die Hölle, dann wären nicht die den Körper umzüngelnden Flammen das Schlimme, sondern dass der Koch in der Unterwelt ein Engländer ist. Nur in einem solchen Land konnte ein Lord Sandwich mit seinen belegten Broten berühmt werden.

Einen Tag später, ich hatte H.v.D. und war somit verantwortlich für die Gösch auf dem Vorschiff bei der abendlichen Flaggenparade. Der M.v.D, von den „Seeziegen" gestellt, war für die Heckflagge zuständig.

Angeregt unterhielten wir uns im Heizerdeck. Der Heimathafen lag nach zirka zweieinhalb Monaten als nächster Anlaufpunkt vor uns. Alle freuten sich schon auf ein Wiedersehen mit den Angehörigen, Freunden, Bekannten und auf die Kneipen der Stadt an der Wesermündung. Was war aus der letzten Liebe geworden? Würde man sie wieder treffen? Haben die zarten Bande gehalten? Es gab viel zu erzählen und zu bereden. Mit einem Ohr hörte ich den Gesprächen zu, mit einem Ohr lauschte ich auf das Kommando: „Klarmachen zur Flaggenparade!" Plötzlich, ein Schrillen mit der Bootsmannsmaatenpfeife. Flaggenparade! Auf allen Schiffen gingen die Flaggen nieder, nur die Gösch auf SEELÖWE nicht. Die Soldaten im Hafen und auf den Oberdecks der Schiffe standen regungslos mit den Händen an der Hosennaht oder an der Kopfbedeckung. Plötzlich stürzte auf einem Schiff einer, nämlich ich, über die Back, löste die

Leine vom Flaggenstock und holte die Flagge nicht gerade feierlich, dafür etwas schneller, ein, als längst das „Rührt euch!" die erstarrten Körper wieder zum Leben erweckte.

Schietkrom! Jetzt war der „Bock fett", ich steckte ganz schön in der Bredouille. Das schlaganfallverdächtige Gebrüll des O.v.D. auf der Pier ließ auch die aufhorchen, die meine „unerhörte Entgleisung" noch nicht mitbekommen hatten: „Heizer SEELÖWE, sofort zu mir!" Kaum auf der Pier brach das Unwetter über mein Haupt ein. Wie einst Rumpelstilzchen sprang der Verantwortliche für die Flaggenparade, mit den Händen in der Luft paddelnd, vor meinen einhundertachtundachtzig Zentimetern umher. „Sind Sie von allen guten Geistern verlassen!? Was erlauben Sie sich!? Man hat Ihnen wohl ins Gehirn geschissen, und das ausgerechnet im Ausland!? Melden Sie sich sofort bei Ihrem Vorgesetzten!" Dabei machte er ein Gesicht wie der Schrecken der sieben Meere persönlich.

Unter der interessierten Anteilnahme der Beefs und gefolgt von vielen Augenpaaren der eigenen Kameraden, marschierte ich zurück auf unsere stählerne Behausung zur Inquisition. Großer Bahnhof für eine einsame Heizerseele. Mir war vollkommen klar, dass man mich nicht zum Vorbild der deutschen Flotte erklären würde. Ich dankte heimlich Gott, dass man die neunschwänzige Katze bei der Bundesmarine nicht eingeführt hatte.

Vor der O-Messe stand die ganze Führung des Schiffes. Für Ehrenjungfrauen hatte anscheinend die Zeit nicht mehr gereicht. Selbst der Kommandant, Schaum vor dem Mund – den Rasierpinsel in der Hand –, war beim Empfangskomitee. Ausgesuchte Liebenswürdigkeiten waren es nicht, die man mir, dem Delinquenten, an den Kopf warf. Keinem der Anwesenden standen während der Konfrontation erkennbare Freudentränen in den Augen und von frenetischer Begeisterung beim Anblick meiner Person konnte schon überhaupt nicht die Rede sein. Mea culpa, vielleicht hätte ich eine Heldentat vollbringen müssen.

Den imaginären Kleiderständer im Rückgrat, die Hände an der Hosennaht, hatte sich inzwischen in mir eine selbsterhaltende, stoische Ruhe ausgebreitet. Es konnte nur noch schlimmer kommen. Wie war es doch gleich, man musste sich die Herren in der Unterhose vorstellen! Hilft immer in einer solchen Lage! Nach dem Donnerwetter sollte sich der LI, als mein nächster Vorgesetzter, mit mir umfassend beschäftigen.

Was würde mir passieren!? Auf alle Fälle war das Schlimmste schon überstanden. Der Mann kannte mich und hatte sicherlich ein Einsehen. „Kommen Sie mit auf meine Kammer!" Dort angekommen, war seine ursprünglich strenge Miene plötzlich verflogen: „Na, haste wohl wieder einmal Mist gebaut." „Kann man schon so sagen, Herr Kaleu." „Eine Woche Ausgangssperre, wenn wir in Deutschland sind. Verschwinde!" Auf seine herzerfreuliche Art hatte er das ganze Problem schnell und bravourös gelöst.

Zurück in der Heimat wartete ich auf die Order, dass ich die aufgetragene Sühne antreten sollte. Die kam aber nie und schlafende Hunde soll man bekanntlich nicht wecken. Ein vernünftiger deutscher Soldat macht (fast) nie etwas ohne Befehl, schon überhaupt nicht, wenn es zum eigenen Nachteil ist. So harrte ich bis zu meiner Abkommandierung vom Geschwader vergebens auf die angesetzte Ausgangssperre.

Soldatensender 904

Die Boote lagen wieder einmal in Den Helder. Unterdessen kannten wir uns schon recht gut in der holländischen Hafenstadt aus und steuerten zielstrebig die interessantesten Lokalitäten an. Kontaktfreudig wie immer hatten wir uns an den Tisch von weiblichen Marineangehörigen gesetzt. Unter ihnen waren mehrere anmutige Mädchen mit reizenden Mandelaugen und schwarzen Haaren. Sie, beziehungsweise ihre Eltern, stammten ursprünglich aus den früheren Kolonien der Niederländer. Mit viel Gekicher brachten sie uns in ihrer ursprünglichen Muttersprache „Ich liebe dich" und vergleichbare Dummheiten bei. Es war wieder einmal so richtig amüsant und viel zu schnell vergingen die Stunden an Land.

Auf dem nächtlichen Rückweg zum Liegeplatz unseres Geschwaders fiel uns eine Gruppe Lords auf, die anscheinend etwas zu tief ins Glas geguckt hatten. Vor den Booten brach bei ihnen ein heftiger Meinungsaustausch mit viel Gelächter und Gestikulieren aus. Kaum hatten sie die Stelling passiert, sprang plötzlich einer von ihnen in voller Uniform koppheister in das schmutzig graue Hafenwasser. Dabei ging er so flach über die Reling, dass er fast mit dem Blinddarm hängen blieb.

Der „Posten Seeseite" schlug natürlich sofort Alarm, zumal er davon ausgehen musste, dass der Kamerad unfreiwillig über Bord gegangen war. Wuhling unter den Wachhabenden! Ein V-Boot, das ausgebracht war, wurde unverzüglich zur Hilfeleistung besetzt. Nach einigen Fehlversuchen sprang der Motor endlich an und das Beiboot nahm Kurs Richtung Schwimmer. Schon nach ganz kurzer Zeit war er eingeholt und am Bug machte man sich bereit, den Burschen zu fassen. Im gleichen Moment tauchte dieser jedoch weg. Der Motor musste abgestellt werden, damit der jetzt Unsichtbare nicht von der laufenden Schraube erfasst und verletzt wurde. Wenige Meter neben den „Rettern" kam plötzlich wieder der Kopf an die Oberfläche. Das gleiche Spiel wie vorher folgte, Motor an, Fahrt Richtung Schwimmer, der tauchte wieder, Motor aus und so weiter. Das Schauspiel wiederholte sich noch einige Mal. Dann gab der uniformierte Krauler von der kräftezehrenden Planscherei sichtlich ermattet auf und ließ sich von den hilfreichen Händen aus der Hafenbrühe ziehen. Tropfnass, frierend und anscheinend auch von dem kalten Wasser ein wenig ernüchtert, wurde er in das Boot gezogen. Als die ursprünglichen Begleiter sahen, dass ihr Kumpan in Sicherheit war, verdrückten sie sich ganz unauffällig.

Am nächsten Morgen, im Anzug „Hoher Hut", stand unser Spaßvogel beim Kommandanten auf dem Teppich. Noch überlegte sich der, was er mit dem nächtlichen

Schwimmer anstellen sollte. Vorerst erfolgte ein Anschiss und danach wollte er wissen, wer sonst noch an dem ganzen Geschehen beteiligt war. Natürlich hielt unser Freund dicht und verriet seine Kameraden nicht. Da half auch kein Anranzen. Vermutlich wäre der Vorgesetzte sogar enttäuscht gewesen, wenn die Namen genannt worden wären.

Das ganze Geschehen hatte allerdings schnell ein sehr unerfreuliches Nachspiel, denn schon einen Tag nach der ganzen Aktion meldete sich der „Soldatensender 904" der DDR und brachte, nach dem bekannten Trommelwirbel, den Bericht, dass ein bundesdeutscher Marinesoldat im holländischen Hafen Den Helder einen Fluchtversuch unternommen hätte und von den eigenen Kameraden mit Gewalt daran gehindert wurde. Die DDR schlachtete eine solche Dummheit propagandistisch beispiellos aus und wir wunderten uns wieder einmal, wo überall Spione aus der Zone ihre Unruhe stiftende Tätigkeit ausübten und wie schnell solche Nachrichten in den Osten übermittelt wurden. Wir alle wussten, wie lächerlich eine solche Nachricht war, denn jeder von uns hätte, im Gegensatz zu den DDR-Bürgern, tausend Möglichkeiten in jedem Hafen und zu jeder Zeit gehabt, um zu flüchten. Das Schwimmunternehmen war einfach nichts anderes als ein unüberlegter Blödsinn, der in alkoholumnebelten Gehirnen geboren war. Der Kommandant musste jetzt erwartungsgemäß disziplinarisch tätig werden und offiziell eine Strafe verhängen. Die an sich harmlose Episode wurde durch die DDR-Sendung zur Sensation und hatte somit das Ansehen der Bundeswehr geschädigt. Das konnte nicht so einfach hingenommen werden.

Über den DDR-Sender gab es zu unserer Zeit die wildesten Spekulationen. Gelegentlich konnte man durch dessen Nachrichten schon vor der Bekanntgabe durch die eigenen Vorgesetzten erfahren, wohin man versetzt oder ob man befördert wurde. Es gab Gerüchte, dass die Station auf westdeutschem Boden stand. Die DDR unternahm selbstredend nichts gegen das Gemunkel, hob es doch das eigene Ansehen, nachdem man anscheinend nicht auffindbar war. Welch ein kostspieliger Personalaufwand musste jedoch betrieben werden, um solche – oft vollkommen unsinnige – Nachrichten verbreiten zu können. In den meisten Fällen dienten sie nur der Selbstbeweihräucherung des, wie es sich 1990 zeigte, zum Scheitern verurteilten Regimes. In den westlichen Ohren verursachten sie bestenfalls ein mitleidiges Lächeln oder Kopfschütteln. Später stellte es sich heraus, dass die Sendeanlage in Burg, zirka dreißig Kilometer nordöstlich von Magdeburg, gestanden hat.

Die Sendeanlage in Burg besteht auch heute noch. Jetzt dient sie friedlicheren und weniger spektakulären Zwecken und sendet mit einer weitaus schwächeren Leistung ein regionales Rundfunkprogramm.

Unter vier Flaggen ...

... oder der Lebenslauf eines Bootes.

19. Juni 1942, bei der P. Smit Werft in Rotterdam fand der Stapellauf des Hochseeminensuchbootes M 441 für die deutsche Kriegsmarine statt. Nachdem Holland von den Deutschen besetzt war, wurden selbstverständlich die Kapazitäten der dortigen Werften für den deutschen Schiffbau genutzt. Nach seiner Indienststellung am 26. November des gleichen Jahres kam es zur 23. Minensuchflottille. Das Haupteinsatzgebiet dieser Flottille waren die Gewässer um Norwegen und später die Ostsee.

M 441 war eines von zirka hundertvierzig Booten des Typs 40, das unter der Flagge der Kriegsmarine fuhr. Die Besatzungsstärke lag bei achtundsechzig, später bei achtzig Mann. Die Minensucher hatten eine Wasserverdrängung von fünfhundertdreiundvierzig tons standard, voll beladen siebenhundertfünfundsiebzig tons standard, eine Länge von zweiundsechzig Metern, eine Breite von achteinhalb Metern und einen Tiefgang von zwei Komma sechs beziehungsweise zwei Komma acht Metern. Die sehr guten Seeschiffe konnten ausgezeichnet manövrieren, hatten zwei Schiffsschrauben und zwei Ruder. Die Bewaffnung war so stark, dass die Boote, neben den Minensuchaufgaben, auch sehr viel zum Geleitschutz eingesetzt wurden. Einige, so genannte Kampfboote, hatten zwei Zehn-Komma-fünf-Zentimeter-Geschütze, vier Bofors vier Zentimeter und acht Zwei-Zentimeter als Bewaffnung. Einige Minensucher des Typs 40, die TS-Boote, wurden ab Juni 1943 sogar mit

Torpedos (53,3 Zentimeter) auf der Back ausgerüstet. Wegen des Ölmangels während des Krieges baute man die Minensuchboote Typ 40 gleich mit einer Kohlenfeuerung. Neben zwei Marinekesseln mit je zwei Feuerungen sorgten zwei stehende dreizylindrige Expansionsmaschinen mit je neunhundert PS und zwei Abdampfturbinen mit je vierhundertfünfzig PS für den Antrieb und einer Geschwindigkeit von siebzehn Knoten. Der Aktionsradius betrug viertausend Seemeilen bei zehn Knoten. Diese Anlagen waren charakteristisch für den Bootstyp 40. Selbst die Hilfsmaschinen, wie zum Beispiel die Pumpen und die Generatoren, wurden während der Fahrt mit Dampfmaschinen angetrieben

M 441 überstand schadlos den Krieg und wurde 1945 Beute der USA. Danach kam das Boot bei der „Deutschen Minenräumdienstleitung" (DMRL) zum Einsatz. Von den rund sechshunderttausend Minen, die im Krieg vor den europäischen Küsten geworfen wurden, war eine unbekannte Zahl noch gefährlich und musste geräumt werden. Die Minensuch- und Minenräumboote führten zu der Zeit keine Nationalflagge. Als Unterscheidungssignal diente die internationale Flagge „C" des Signalbuchs als Doppelstander geschnitten. Ab Oktober 1947 waren die so genannten Zwangswege von den internationalen Schiffen wieder gefahrlos zu befahren und man löste die DMRL auf.

M 441 wurde von 1952 bis 1956 von der US-Navy übernommen und kam bei der LSU (B) als M 205, unter amerikanischer Flagge und mit deutscher Besatzung, zum Einsatz.

Als SEELÖWE stellte die Bundesmarine am 17. Juli 1956 das Minensuchboot M 205, ex M 441, unter deutscher Flagge in Dienst. Zunächst trug das Boot als Kennzeichnung die Buchstaben SL (Seelöwe) am Vorschiff und ab 1957 die Kennung M 189. Das Boot gehörte dem 2. Minensuchgeschwader an. Die Besatzung bestand aus siebzig Mann. Neben vielen Übungsfahrten – immer in Verbindung mit den restlichen Booten des Geschwaders – und NATO-Manövern in der Nord- und Ostsee, den Ostseezugängen und dem Ärmelkanal, fand in der Zeit vom 10. Januar bis 20. März 1959 auch eine Ausbildungsfahrt für Offiziersanwärter in das Mittelmeer statt. Bei der Bundesmarine war die Bewaffnung des Bootes ein Sechsundsiebzig-Millimeter-Geschütz auf dem Achterschiff, zwei Vierzig-Millimeter auf Doppellafetten und vier Zwanzig-Millimeter-Geschütze. Die Außerdienststellung des Bootes fand am 4. Januar 1960 statt.

Nach der Außerdienststellung wurde der schon etwas betagte Minensucher in Bremerhaven zum Wohnboot WBM III umgebaut und als solches bis 1969 eingesetzt. Nach der Aussonderung verkaufte die VEBEG das Boot an eine Altmetallfirma nach Hamburg.

Nach siebenundzwanzig gefährlichen, mühseligen und arbeitsreichen Jahren fand das bemerkenswerte Schiffsleben eines Minensuchers ein sehr profanes Ende unter den zerteilenden Schneidbrennern einer Abwrackfirma.

Die blaue Packung

1959, nach und nach trafen wir bei der Technischen Marineschule II in Bremerhaven ein. Unsere Hammelbeine hatten sich zwischenzeitlich in richtige Seebeine verwandelt. Nachdem wir die vorgesehene Bordzeit absolviert hatten, sollten wir vor der Unteroffiziersschule zunächst für ein halbes Jahr die Schulbank für das nötige theoretische Rüstzeug drücken. Ohne diese Lehrgänge konnte man seinerzeit nicht Unteroffizier werden.

Nach der Stubenzuteilung beschnupperten wir uns erst einmal, denn in der Regel kannte man sich nicht. Aus solchen Begegnungen wurden mitunter jahrelange Freundschaften, manchmal sogar für das ganze Leben.

Jeder suchte sich eine Koje und einen Spind aus, der anschließend eingeräumt wurde. Wir waren sehr überrascht, als in einem der sonst leeren Spinde ein blaues Päckchen mit der Aufschrift „Camelia gibt allen Frauen Sicherheit und Selbstvertrauen" auftauchte. Die Packung war vollkommen unbeschädigt. Verständlich, denn solche Einlagen werden in einer reinen Männerwelt im Normalfall nicht benötigt. Was hatte der frühere Spindbenutzer wohl damit vorgehabt?

Vollkommen klar, damit lässt sich etwas anstellen. Schnell wurde beschlossen, dass wir den für uns ausgefallenen Fundgegenstand einpacken und beim Kompaniefeldwebel abgeben werden. Wir wollten wissen, wie der Spieß und vor allem seine weibliche Schreibkraft auf das ominöse Päckchen reagierten. Das Objekt wurde in Zeitungspapier eingeschlagen, zugeklebt und ein Überbringer ausgelost, denn keiner übernahm die ulkige Aufgabe freiwillig.

Der so Ausgesuchte machte sich in unserer Begleitung auf den Weg zur Schreibstube und übergab, während wir davor lauschten, mit einer Unschuldsmiene dem Spieß das Päckchen. Der riss das Papier auf; neugierig sah die Tippse zu. Erst ein verblüffter Blick, die Sekretärin wendete sich auffällig schnell wieder ihrer Arbeit zu. Dann der Ausruf: „Hauen Sie mit dem Zeug ab!" Wir standen vor der Tür und grinsten über alle vier Backen. Anschließend nahmen wir unser Mitbringsel wieder mit zurück auf unsere Stube. Man wusste ja nie, ob man damit nicht doch noch einmal etwas anstellen konnte.

Die nächste Zeit verging wie im Fluge. Der Schulalltag nahm uns vorerst gefangen. Der Kompaniechef forderte, dass man sich in der Freizeit nicht nur in den Kneipen aufhielt. Wer sich kulturell beschäftigte, konnte damit rechnen, dass er bei den Wacheeinteilungen bevorzugt wurde. Einer meiner Stubenkameraden kam auf die glorreiche Idee, dass man sich bei einem Männergesangsverein anmelden könnte. Das entsprach sicherlich der Vorstellung unseres Chefs und trotzdem war man in einer Kneipe. Gesagt, getan, zu zweit suchten wir uns einen Gesangsverein aus. Auf die Frage des Chorleiters, welche Stimme ich sänge, war ich etwas überrascht. Darüber hatte ich mir noch nie Gedanken gemacht. Zum Glück ersparte man mir das Vorsingen. Ohne viel Do-re-mi-fa-sol erfolgte meine Einteilung und anschließend sang ich: „Schleswig-Holstein meerumschlungen ..." in der Stimmlage eines Tenors. Welch ein Segen für viele Ohren, dass man in der Gruppe bekanntlich nicht sonderlich auffällt. Das ärmliche Geräusch meiner Stimmbänder wurde wohltuend übertönt. Pro Probeabend sangen wir dreißig bis fünfundvierzig Minuten und danach standen wir zwei bis drei Stunden am Tresen. Genau das entsprach unserer Vorstellung! Hatten wir nach der üblichen Unterrichtszeit Wache, dann schrieb uns unser Obersangesbruder eine Bescheinigung aus, dass am entsprechenden Abend eine dringende Übung oder gar eine Vorstellung angesagt war. Schon verschob sich dadurch unsere Einteilung in die übliche Tagesdienstzeit.

Die Tage und Wochen verstrichen; unsere blaue Packung fiel uns dabei immer wieder in die Hände. Eines Tages wollten wir zu dreien in das gern besuchte Tanzlokal „Oberbayern". Schnell wurde eine Einlage aus der Packung entnommen und einer der Stubenkameraden verwahrte sie in seinem Jackett. Im Lokal angekommen, suchte sich unser Freund ein Mädchen aus. Während des Tanzes ließ er sein Mitbringsel unauffällig fallen. Nachdem der Schwof beendet war, lag unser Souvenir einsam und verlassen auf der geräumten Tanzfläche. Gespannt warteten wir. Was würde geschehen? Zu unserer Enttäuschung fiel der Blödsinn nicht sonderlich auf. Einige Damen kicherten verlegen, andere guckten etwas belämmert, der Kapellmeister und Sohn der Lokalpächterin, übrigens aus meiner Heimatstadt Fürth stammend, ging wie selbstverständlich auf die Tanzfläche und kickte das Ding an eine unauffällige Stelle neben den Musikern. Der nächste Tanz begann und als wenn nichts gewesen wäre, bewegten sich die Paare wieder zur Tanzfläche.

Wie enttäuschend, etwas Aufruhr hatten wir schon erwartet.

Zeichensprache

Bei der MOS waren wieder neue Schüler zum F1-Lehrgang eingetroffen. Auch sie sollten sich für den folgenden Unteroffizierslehrgang an der MUS vorbereiten. Unter anderem war Englisch im Unterrichtsplan vorgesehen. Für dieses Fach hatte man eine Lehrerin aus Schottland angeheuert.

Die nicht mehr ganz knackefrische Dame flirtete gerne mit ihren Schülern und war auch einer intensiveren Bekanntschaft mit Körperkontakt nicht gänzlich abgeneigt. So kam es, dass sich in ihrer Anwesenheit zwei ihrer Schüler recht ungezwungen über eines ihrer Erlebnisse unterhielten und dabei das bei uns bekannte Zeichen mit der Faust und dem Daumen zwischen Zeige- und Mittelfinger für inner- und außereheliche Leibesübungen andeuteten. Anscheinend war dieser Fingerzeig der Lehrerin aus dem Lande der Karo tragenden Clans unbekannt und sie fragte die beiden, was wohl darunter zu verstehen sei. Kurzes Zögern, dann raffte sich schnell einer auf und behauptete unverfroren, dass dieses Zeichen bei uns benutzt wird, wenn jemand einen guten Scherz angebracht hat. Mit dieser Erklärung gab sich die Ausbilderin zufrieden.

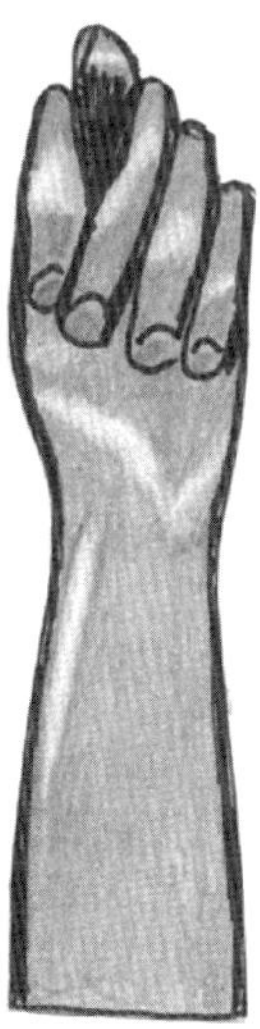

Wenige Tage später ging sie gleich bei Unterrichtsbeginn, auf Englisch schimpfend, auf den los, der ihr die Notlüge auftischte. Als sie sich nach einiger Zeit wieder etwas beruhigte, erzählte sie mit einem lachenden und einem weinenden Auge, was ihr passiert war. Bei einer Einladung hoher Militärs hatte sie das besagte Fingerzeichen nach einem gelungenen Scherz unbefangen gehandhabt. An den verblüfften, leicht geschockten Gesichtern der Anwesenden konnte sie erkennen, dass etwas nicht so ganz in Ordnung war. Auf ihre unbeholfene Miene hin wurde sie von einem der Herren umständlich aufgeklärt. Dabei, so ihre Aussage, wäre sie am liebsten in den Boden versunken.

Eben dieses Zeichen gibt es in Brasilien an jeder Ecke in allen Größen, aus Holz, Kunststoff, selbst aus Silber und Gold zum Umhängen und als Standfigur zu kaufen. Dort ist diese Faust das Zeichen für Glück und Fruchtbarkeit. Es wird von den Frauen oft und gerne, wie das Kruzifix, am Hals getragen. Auch auf meinem Schreibtisch steht eine solche Hand. Sie erinnert mich an das zauberhafte Land mit seinen liebenswerten Menschen auf der südlichen Halbkugel.

Im 17. und 18. Jahrhundert waren solche kleinen Fäuste, sie wurden komischerweise als „Feigen" bezeichnet, auch in Süddeutschland als Anhänger aus Koralle, Silber, Horn und Elfenbein sehr beliebt. Selbst Gebrauchsgegenstände wurden mit Feigen geschmückt.

Was bei uns heute ein obszönes Zeichen ist, hatte sicherlich früher eine ganz andere Bedeutung und die Lehrerin aus unserer kleinen Geschichte wäre vor einigen hundert Jahren mit ihrer Geste bestimmt nicht so unangenehm aufgefallen.

Der Special Navy Pass

Beim Austauschen von Erinnerungen im Kameradenkreis kommt man zwischendurch auch auf die ersten, inzwischen schon legendären Zerstörer der Bundesmarine zu sprechen, und die bringe ich komischerweise immer mit dem Special Navy Pass in Verbindung. Warum? Das soll diese Geschichte erzählen.

Ein Teil unserer Kameraden verbrachte vor ihren Bordkommandos einige Monate, manchmal nur Wochen, bei der 5. Schiffsstammabteilung in Bremerhaven, um anschließend in Amerika von 1958 bis 1960 die so genannten Leihzerstörer der FLETCHER-Klasse (Klasse 119) und Landungsboote von der US-Navy oder die in England gekauften Fregatten von der Royal Navy zu übernehmen. Die 5. Schiffsstammabteilung war bei vielen sehr beliebt, wusste doch jeder, dass er anschließend für längere Zeit ins Ausland kam, und das in einer Zeit, in der Fernreisen für Normalbürger noch nicht üblich waren. Besonders freute man sich natürlich, wenn man für die Übernahme von Z 1 bis Z 6 in den Staaten vorgesehen wurde.

Alle sechs in Amerika übernommenen Zerstörer waren während des Zweiten Weltkrieges im Pazifik gegen Japan im Einsatz.

Das Typschiff FLETCHER (DD 445) lief schon am 4. Mai 1942 vom Stapel. Noch im gleichen Jahr folgte der Stapellauf von weiteren fünfundsiebzig Zerstörern dieser Art in den Staaten. Im Mittel betrugen die Kosten pro Schiff elf Millionen US-Dollar. Bis zum Jahre 1944 baute man insgesamt hundertneunundsiebzig Zerstörer dieses Typs und stellte sie in Dienst. Einer der Zerstörer für die Bundesmarine, USS CLAXTON (Z 4), wurde bei seinem Einsatz im Zweiten Weltkrieg am 1. November 1944 von einem der annähernd sechstausend Kamikaze-Flugzeuge schwer beschädigt.

Der Schiffstyp bekam seinen Namen nach dem aus Iowa stammenden Admiral Fletcher. Fletcher war während des Zweiten Weltkrieges im Korallen-Meer gegen die Japaner im Einsatz. Er galt allgemein als eigenartiger, aber humorvoller Mensch. Obwohl er gerne und gut tanzte, beschloss er zum Beispiel, mit vierzig Jahren das Tanzen aufzugeben. Obgleich er sich in Gesellschaft gerne mit hübschen Frauen zeigte. Noch als Kapitän musste er einmal einen Untergebenen abkanzeln. Dieser zeigte mit dem Finger auf das Gesicht seines Vorgesetzten und sagte: „Herr Kapitän, wenn Sie nicht Acht geben, wird diese Ader hier platzen!“ – worauf Fletcher laut auflachte und dem Frechdachs seinen Verstoß verzieh.

Die Schiffe bekamen in Deutschland keine Namen und liefen unter der Bezeichnung Z 1, D 170 (ex USS ANTHONY, DD 515), Z 2, D 171 (ex USS RINGGOLD, DD 500), Z 3, D 172 (ex USS WADSWORTH, DD 516), Z 4, D 178 (ex USS CLAXTON, DD 571), Z 5, D 179 (ex USS DYSON, DD 572) und Z 6, D 180 (ex USS CHARLES AUSBURNE, DD 570).

Während die Schiffe unter der deutschen Flagge fuhren, nahmen sie an zahlreichen NATO-Manövern teil und repräsentierten Deutschland in vielen fremden Ländern. Sie leisteten Hilfe, wenn sich Schiffe der Handelsmarine in Not befanden, bargen Tote und Verletzte eines US-Flugzeuges und so weiter. Aber auch sie waren nicht immer vom Glück verfolgt. Es kam zu Grundberührungen und anderen Karambolagen. Mehrere Modernisierungen und Umbauten wurden vorgenommen, bis das endgültige Aus bevorstand.

1976 kaufte man die Zerstörer zum Stückpreis von dreihundertfünfundsiebzigtausend Mark endgültig von Amerika ab.

Z 1 wurde 1979 als Zielschiff vor Kreta zum Harpoon-FK-Beschuss eingesetzt und am 16. Mai von dem deutschen U-Boot U 29 durch Torpedoschuss versenkt. Z 2, Z 3, Z 4 und Z 5 gingen in der Zeit von 1980 bis 1982 als NATO-Hilfe an die Marine von Griechenland über. Z 4 und Z 5 wurden von der griechischen Marine nicht in Dienst gestellt, sondern dienten nur noch als Ersatzteillager. Z 6 wurde schon 1969 in Deutschland abgewrackt.

Das zur bewegten Geschichte der ersten Zerstörer der Bundesmarine und nun zurück zu unseren Amerikafahrern.

In den Staaten hatten sich viele den typischen und praktischen Bürstenhaarschnitt der US-Soldaten zugelegt. Auch ihre Zivilkleidung zeichnete sich durch einen auffälligen Amerikaeinschlag aus, sodass man sie durchaus für Jungs aus Übersee halten konnte.

Wie vorhersehbar, nützten einige gewitzte Burschen ihr Aussehen, um ungestraft über den Zapfen zu hauen. Normal mussten wir Lehrgangsteilnehmer spätestens um ein Uhr in der U.v.D.-Stube unsere Urlaubskarte abgeben. Nicht so unsere cleveren Amerikafahrer. Sie hatten in den USA einen „Special Navy Pass" ausgestellt bekommen, um die Einrichtungen der US-Navy betreten und nützen zu können. Diesen Pass hatten sie wohlweislich „vergessen" abzugeben. Jetzt gingen sie in Zivilklamotten an Land und zeigten beim Zurückkommen an der Haupttorwache selbstbewusst ihren Pass. Um keinen Zweifel aufkommen zu lassen, wechselten sie beim Passieren des Postens oft noch einige bei der 5. Schiffstammabteilung und in Amerika gelernte englische Sätze. War ein bekannter Kamerad als Wache eingeteilt, dann stellte der sich einfach unwissend. Anstandslos glückte in allen Fällen das Manöver. Möglich war das natürlich nur, weil damals im Kasernengelände von Bremerhaven täglich amerikanische Soldaten ein und aus gingen.

Danach war es für sie nur noch wichtig, dass sie ungesehen in die Unterkunft kamen, denn das Gebäude wurde nach ein Uhr abgesperrt. Meistens war ein behilflicher Kamerad in einer Stube des Erdgeschosses rechtzeitig gewahrschaut. Mit seiner Unterstützung wurde über ein offen gelassenes Stubenfenster oder, wenn das nicht möglich war, über ein WC-Fenster eingestiegen.

Wir, die keinen solchen Ausweis unser Eigen nennen konnten, beneideten öfter unsere Kameraden. Für uns galten die üblichen Urlaubszeiten, während „die Amerikaner" sich noch länger an Land amüsieren konnten.

Die Teekanne

Bei der Technischen Marineschule II in Bremerhaven war es üblich, dass nur das Frühstück und das Mittagessen im Speisesaal eingenommen wurde. Für das Abendessen stellte jede Stube Backschafter ab, die das Abendbrot in der Küche, mit einer Teekanne aus Aluminium und einem großen Tablett, abholen mussten. Gegessen wurde dann auf der Stube.

Der schwarze Tee hinterließ natürlich seine Spuren an der Wandung des Behälters. Für Abhilfe sorgte nur eine lästige, tägliche Reinigung, die auch durchgeführt wurde, denn der U.v.D. überprüfte bei seiner allabendlichen Stubenmusterung die Sauberkeit der Kanne.

In unserem Kabuff, machten wir die umständliche Reinigung der Kanne nur wenige Tage mit. Wir organisierten uns ein zweites Teegefäß und stellten es, sauber geputzt, auf den dafür vorgesehenen Platz auf einen der Spinde. Die erste Kanne, für den täglichen Gebrauch, hing während der Musterung an einer Schnur am Fensterkreuz an der

Außenmauer. Langsam, aber sicher nahm die braune Schicht dieser Kanne zu. Aus Braun wurde Schwarz, der Tee aber immer besser.

Über Wochen ging unsere List gut. Eines Abends jedoch nahte das Verhängnis in der Gestalt des U.v.D. Schnurstracks ging er auf das Fenster zu, griff die Kanne und verließ wortlos das Zimmer. Er hatte vorher einen Rundgang um das Gebäude absolviert, um nach Zigarettenstummeln zu sehen, die immer wieder verbotenerweise aus den Fenstern geschnippt wurden. Dabei war unsere ungewöhnliche Fensterdekoration aufgefallen.

Am nächsten Morgen, bei der Musterung, erschien die „Mutter der Kompanie“ mit der Kanne unter dem Arm. Sein grimmiges Gesicht ließ nichts Gutes erahnen. Seine erste Frage an die Kompanieangehörigen war, ob sie die größten Schweine der TMS sehen möchten. Nach dieser Frage mussten wir vortreten. Feixend standen wir vor der Formation. Nur unser Stubenältester nahm sich die Angelegenheit sehr zu Herzen und ausgerechnet der musste die ganze Front abschreiten und das „Scheißhaus“, so die Aussage des Spießes, vorzeigen. Zur Strafe sollten wir, am gleichen Tag, zwischen neunzehn und einundzwanzig Uhr durch das Kasernengelände marschieren und dabei singen. Das Kommando hatte der Stubenälteste zu übernehmen.

Schlimm an dieser Anordnung war nur, dass nach dieser Zeit ein Landgang nicht mehr sinnvoll war, denn wir sollten die Ausführung des Befehls beim O.v.D. melden und hätten uns danach auch noch umziehen müssen.

Schon nach der ersten Sangestour kam uns eine grandiose Idee. Im Kasernenbereich gab es das Offizierskasino der Amerikaner. Kurzentschlossen marschierten wir in diesem Bereich auf und ab, dabei sangen wir, mehr laut als richtig, immer das gleiche Lied und warteten gespannt auf die unausbleibliche Reaktion unserer NATO-Freunde. Schon nach kurzer Zeit zeigten sich die Früchte unserer „kunstvollen Darbietung". Die Boys aus Übersee hatten schnell von unserer Singerei die Nase voll. Offenbar hatten sie inzwischen den O.v.D. angerufen, denn der kam eilig angelaufen und schrie, kaum in Sichtweite, dass wir schleunigst verschwinden sollten.

Wir begriffen diese Aufforderung selbstverständlich so, dass wir unser Soll erfüllt hätten, brachen die ganze Aktion – auf höheren Befehl – umgehend ab und konnten somit rechtzeitig ausgehen. Ein ursprünglich verkorkster Abend war, dank unseres exzellenten Einfalles, also doch noch gerettet.

Fridolin

Jeder, der in Eckernförde auf der Unteroffiziersschule seinen Schweiß vergossen hat, kennt Fridolin, das Maskottchen. Fridolin war ein Zwergesel mit einem ganz lieben Gesicht, und man hatte den Eindruck, dass er kein Wässerchen trüben könnte. In Wirklichkeit war er ein Mistvieh.

Wir hatten das Pech, dass unsere Stube genau über seinem Laufstall lag. Am Wochenende, wenn man sich nach dem Mittagessen hinlegen wollte, um für den abendlichen Ausgang gerüstet zu sein, merkte er die allgemeine Ruhe in der Kasernenanlage und unterbrach sie mit seinem lang gezogenen, fortwährenden IAaaa, IAaaa ... Alles Zurufen, Fluchen und Bestechen half nichts. Was tun?

Durch einen Zufall stellten wir fest, dass Fridolin auf der Innenseite mitlief, wenn man um sein Gehege rannte. Das war die Lösung! Wir waren sportlich auf der Höhe, Fridolin nicht. Wir konnten uns mit den Kameraden der Stuben unter und neben uns ablösen, Fridolin war alleine und zu dumm, um unser heimtückisches Spiel zu erkennen. So kam es, dass eine Stubenbeleg-

schaft an den freien Nachmittagen am Gehege Aufstellung nahm, der erste Läufer rannte los, Fridolin mit, nach zwei bis drei Runden übernahm der Nächste und so weiter. Fridolin rannte immer mit. Esel sind bekanntlich stur, selbst wenn es ihr Nachteil ist. Schon nach kurzer Zeit ging unserem wohl genährten Sportsfreund die Puste aus und er war kurz vor dem Zusammenbrechen. Für ein ruhestörendes IAaaa reichte danach sein Lungenvolumen nicht mehr aus und wir konnten uns selig in Morpheus' Arme begeben.

Wie aus seinem Namen unschwer zu erkennen ist, war Fridolin ein Hengst. Selbstverständlich war er nicht ausgelastet, und zwar in keiner Form. Weit und breit gab es keine Eselin für die dringend nötige Entspannung, und so kam es, dass er, war eine Frau in der Nähe, seine volle Männlichkeit darstellte. Wie er bei Menschen den Unterschied erkannte, war wohl sein Geheimnis. Offenkundig war er doch kein so dummer Esel.

Eines Tages wurde ein Admiral verabschiedet und die Feierlichkeiten fanden in der mit Holzpflaster ausgelegten Turnhalle der Unteroffiziersschule statt. Wir standen, Anzug „Erste Geige", in Reih und Glied. Fast kein Geräusch unterbrach das Geschehen, selbst Fridolin zeigte sich unter all den Männern, mit einem Exkragen geschmückt, von seiner besten Seite.

Der Admiral betrat die Halle, die Köpfe flogen, auf Kommando, in seine Richtung. Das Gefolge nahm Aufstellung zur Laudatio, und dann passierte es: Eine Reporterin trat vor, um einige Aufnahmen zu schießen. Ein Grinsen überzog unsere Gesichter, denn wir wussten, was nun kommen würde. Fridolin fuhr das beachtliche Attribut seiner Männlichkeit aus, schlug damit gegen den Bauch und ließ sein jämmerliches IAaa hören. Prusten und Gelächter erfüllten die Halle, keiner sah mehr den Ehrengast an, alle Blicke richteten sich erst auf Fridolin und dann auf die Fotografin. Die erkannte jedoch nicht sofort den Grund des Heiterkeitsausbruches. Erst als sie der Blickrichtung der Anwesenden folgte, lief sie rot an und hatte es plötzlich sehr eilig, aus dem Mittelpunkt des Geschehens zu verschwinden.

Fridolin wurde auf Grund seines sexistischen Verhaltens abgeführt und anschließend degradiert. Vor der Verabschiedung schmückte er sich mit dem Dienstgrad „Seewebel". Was er danach war, ist mir nicht mehr bekannt. Die Degradierung hat Fridolin sicher wenig Sorgen bereitet. Arbeit damit hatten nur seine Betreuer, denn die durften die Fantasiedienstgradabzeichen auf seinem Exkragen abtrennen und die neuen aufnähen.

Der eucharistische Weltkongress

1960, frisch von der MUS, versetzte man mich mit einigen Kameraden nach Brake an der Unterweser zur Personalreserve. Das Geschwader, auf dem ich als Mannschaftsdienstgrad gefahren hatte, war zwischenzeitlich ausgemustert. Die letzten Boote mit Kohlenfeuerung und Dampfkolbenmaschinen bei der Marine waren unterdessen Geschichte. Der Beginn der Bundeswehrfachschule, auf die ich sollte, überschnitt sich mit dem Jahresquartal. So war ich froh, als es hieß, dass alle Katholiken kostenlos mit einem Sonderzug zum eucharistischen Weltkongress nach München fahren könnten. Das war doch einmal eine Abwechslung vom gegenwärtigen Kasernengammeldienst.

Auf der Fahrt nach Süddeutschland stellten wir belustigt fest, dass rund dreißig Prozent der Mitfahrer nicht der katholischen Glaubensrichtung angehörten. Bei den Marinedienststellen hatte man darauf vertraut, dass an einem solchen christlichen Kongress nur gläubige und glaubwürdige Seeleute teilnehmen würden. Man hätte es besser wissen müssen.

In München angekommen, wurden wir in einer riesigen Zeltstadt auf dem Gelände einer Kaserne untergebracht, bunt gemischt Heer, Luftwaffe und Marine. Jeder bekam, nach den christlichen Veranstaltungen, Ausgang bis vierundzwanzig Uhr. Gleich am ersten Tag stellten wir fest, wenn man die ganze Nacht wegblieb, dann konnte man gegen acht Uhr am Morgen gefahrlos das Kasernentor passieren. Für das berechtigte Verlassen beziehungsweise Betreten der Anlage reichte das Tragen der Uniform. Manche Teilnehmer, die aus München oder der Umgebung stammten, wurden erst wieder gesehen, als der Sonderzug zurückfuhr.

Instinktiv fand sich gleich am ersten Abend eine kleine Gruppe Gleichgesinnter zum Ausgehen. Unsere Gruppe bestand aus drei Marinern und einem Unteroffizier der Luftwaffe. Nach einem ausgedehnten Kneipenbummel und einem Besuch im Hofbräuhaus verbrachten wir die restlichen Stunden im Tanzlokal „Orlando di Lasso". So falsch lagen wir hier nicht, denn di Lasso (1532 bis 1994) schrieb auch Messen und Passionen. Das wussten wir aber zu dieser Zeit nicht und es hätte uns damals auch überhaupt nicht interessiert. Die Stimmung und der Gerstensaft ließen uns die Zeit vergessen. Ehe wir uns versahen, war es fast schon Morgen, jedoch noch nicht früh genug, um unbeachtet in unsere Unterkunft zurück zu können. Man hätte sonst gemerkt, dass wir über den Zapfen gehauen haben, was unter Umständen zu einem Disziplinarverfahren geführt hätte. Das konnte ich mir als Unteroffiziersanwärter nicht erlauben. So verbrachten wir die letzten Stunden in einem Hausflur, um auf den Treppen in einen unruhigen Schlummer zu fallen. Hausbewohner, die zur Arbeit mussten, stiegen über uns und blickten teils mitleidsvoll, teils grimmig auf ihre Vaterlandsverteidiger in spe. Rechtzeitig zum Frühstück machte sich unser Häuflein, nach einer Katzenwäsche in einem der zahlreichen Brunnen von München, auf den Weg zur Kaserne.

So vergingen auch die nächsten Tage. Zwischenzeitlich fanden wir auch heraus, wie man sich vor den angesetzten christlichen Veranstaltungen drücken konnte. Täglich besuchten wir auf unserem Rundgang das Hofbräuhaus, denn dort fiel sporadisch Freibier für Uniformträger ab, und das ist ja bekanntlich das beste Bier. Einer unserer Kameraden knüpfte dabei zarte Bande zu einem zauberhaften Mädchen, mit dem er für einige Zeit verschwand und erst nach Stunden wieder zu uns stieß. Wie beneideten wir ihn um seine attraktive Errungenschaft!

Der letzte Tag mit einer Großveranstaltung auf dem Festplatz brach an. Zwischenzeitlich war man in der Kaserne etwas schlauer geworden. Überall standen Posten als Kontrolleure. Ein Ausbüxen war nicht mehr möglich. Nach dem Frühstück war Antreten für alle. An erster Stelle das Heer mit dem größten Kontingent, dann die Luftwaffe und am Ende die Marine mit der geringsten Kopfzahl. Abmarsch durch München zum Festplatz. „Rührt euch, ein Lied!" Die Abteilungen sangen im Wechsel ihre Lieder. Das Heer und die Luftwaffe brachten immer wieder neue Klänge hervor. Wir Marineangehörigen, in blauer Hose, weißem Oberteil und weißer Mütze mit lustig wehenden Mützenbändern, sangen nach kurzer Zeit nur noch ein Lied: „Wir lieben die Stürme, die brausenden Wogen ..." In ihm kam ein dreifaches, publikumswirksames „Hei, Hei, Hei" vor. Zur gleichen Zeit aus Hunderten von Kehlen zwischen den Häuserzeilen geschmettert, wirkte es begeisternd auf die vielen Zuschauer am Straßenrand, die uns verschwenderisch mit Beifall belohnten.

Auf dem Festplatz als Erste eingetroffen, sicherten sich die 85er und die Flügelträger natürlich umgehend die besten Plätze. Verdrossen suchten wir uns brauchbare Standpunkte, um das Geschehen halbwegs verfolgen zu können. Plötzlich ein Aufruf über die Lautsprecheranlage: „Alle Marineangehörigen vortreten als Absperrpersonal!" Mit unserer auffälligen Uniform waren wir prädestiniert für diese Aufgabe. So standen wir bei der

Schlussfeier in der ersten Reihe und konnten den farbenprächtigen Umzug der vielköpfigen kirchlichen Würdenträger aus unmittelbarer Nähe beobachten.

Unser Begleiter der vergangenen Tage sagte zum Abschied: „Ihr seid ein verflixter Haufen, singt immer das gleiche dämliche Lied und bekommt den meisten Beifall, marschiert als Letzte ein und bekommt die besten Plätze. Warum bin ich nur zu den verdammten Fliegern?"

Übermüdet, appetitlos und blass wie eine Hecksee traten wir die Reise nach Norddeutschland an. Die lange Fahrt im Zug wurde verschlafen. Trotzdem reichte sie nicht zur Regeneration unserer erschöpften Körper aus.

Unser einer Kamerad war noch weniger gut dran. Er hatte sich von seiner zauberhaften Bekanntschaft in München eine weniger zauberhafte Krankheit eingehandelt, die man üblicherweise nur mit Penicillin kurieren konnte.

Und das ausgerechnet beim eucharistischen Weltkongress.

JAN DOOS oder OSTPREUSSEN?

Brake, immer noch Personalreserve. Zufällig hatte man irgendwann festgestellt, dass ich leidlich zeichnen konnte. So bekam ich den Auftrag, die Rückwand eines Saales in der Kaserne mit einer flächenfüllenden Karte des geteilten Deutschlands, das von einer riesigen Kette zusammengehalten wurde, zu verschönern. Mit einem Projektionsgerät warf ich die Vorlage an die Wand und zeichnete die Linien nach. Es war nicht gerade eine großartige künstlerische Tätigkeit, hatte aber den Vorteil, dass sich keiner um mich scherte. In Abständen unterbrach ich meine aufopfernde schöpferische Aktivität, um mich, bevor sich auch nur eine Schweißperle zeigte, zu erholen. Dabei war von äußerster Wichtigkeit, dass ich immer wieder rechtzeitig aufwachte, ehe die Farbe am Pinsel einzutrocknen drohte.

Doch eines Tages war es plötzlich vorbei mit dem Gammeldienst. Überraschend rief man mich mit noch einigen Kameraden auf die Schreibstube. Man befahl uns, sofort nach Kiel zu fahren und uns beim Hafenschutzgeschwader zu melden. Die KFKs würden uns anschließend nach Dänemark schippern. Wir sollten dort auf einem Eisbrecher der Handelsmarine einsteigen und das gecharterte Schiff nach Deutschland überführen. Wir waren gehalten, nur das übliche Waschzeug, Arbeitspäckchen und Unterwäsche mitzunehmen. Mehr erfuhren wir nicht.

In Kiel angekommen, verteilte man uns auf die kleinen Schlickrutscher mit nur hundertzwölf tons standard.

Kommandant war in der Regel ein Ober- oder Hauptbootsmann, der Geschwaderkommandeur ein Kaleu. Wegen der „faszinierenden" Geschwindigkeit von sieben Knoten pro Stunde konnte man nach dem Verlassen der Förde das Marine-Ehrenmal von Laboe noch stundenlang sehen.

Mich hatte man auf dem Boot im winzigen Raum der Unteroffiziere untergebracht. In der folgenden Nacht konnte ich nur schlafen, wenn der Eigentümer einer Koje auf Wache aufzog und mir seine Schlafmöglichkeit überließ. Ausgerüstet mit einer zusätzlichen Decke verbrachte ich sehr ungemütliche Stunden auf der fremden Liege. Das wärmere, gebrauchte Bettzeug des Eigentümers mochte ich nicht benützen. Die dreiundzwanzig Meter langen Schiffchen stampften beachtlich in den kurzen Wellen der Ostsee. Jedes Mal wurde ich in der Koje leicht angehoben und saugte dadurch kalte Umgebungsluft unter die dünne, unbezogene Decke. Dabei fror ich ganz erbärmlich. An Schlaf war nicht zu denken. Als der Inhaber nach der Wachablösung wieder seine Liegestatt beanspruchte, verzog ich mich bereitwillig ans Oberdeck. Im Windschatten der Brücke zusammengekauert, dämmerte ich danach dem Morgen entgegen.

In der Folgenacht liefen wir gegen zweiundzwanzig Uhr im dänischen Zielhafen ein. Nur schemenhaft war das Land zu sehen. Sofort setzte man uns mit einem Torpedofangboot zu dem in Hamburg beheimateten Eisbrecher JAN DOOS über. Alles mutete etwas geheimnisvoll an. Der Kapitän hieß uns persönlich willkommen und ließ uns sogleich Kammern zuteilen. Welch ein Komfort! Je zwei Mann bekamen einen großzügig ausgestatteten Raum. Die Mannschaftsdienstgrade konnten sich mit vier Mann eine Kammer teilen. Noch mehr gebauchpinselt fühlten wir uns, als wir Fahrmaate zum Essen am

Tisch des Kapitäns eingeladen wurden. Neben dem Schiffsführer gab es nur noch ein ziviles Besatzungsmitglied.

Nachdem wir uns gestärkt hatten, begann der Ernst des Lebens. Der Kapitän ging mit uns in die Maschinenanlage. Er war auf seinem Schiff auch der Chief. Dort bekamen wir eine kurze Einweisung und danach mussten wir uns selbst zurechtfinden. Von Marineseite hatte man dem Schiffsführer versichert, dass man schon die richtigen Leute schicken würde. Jetzt zeigte es sich, dass unsere Ausbildung nicht umsonst war. Schon nach kurzer Zeit machten wir Feuer auf und während der Dampfdruck langsam anstieg, nahmen wir die restliche Maschinenanlage in Augenschein. Die zweckmäßige Technik des Eisbrechers war wesentlich einfacher als die auf unseren alten Minensuchern. So hatten wir keinerlei Probleme mit deren Handhabung. Zwischenzeitlich war es längst nach Mitternacht und endlich konnte sich die eine Hälfte von uns aufs Ohr legen. Noch in der Dunkelheit kam Bewegung in das Schiff und klammheimlich verließen wir den Ankerplatz. Der Pulsschlag der Maschine und jede Umdrehung der Schraube brachten uns der Heimat näher.

Wir waren erstaunt, mit welcher Gelassenheit der Kapitän sein Schiff handhabte. Der ganze Betrieb lief ohne viel Aufhebens und ohne laute Kommandos ab. Er vertraute auch vollkommen darauf, dass wir auf dem uns fremden Schiff die Sache richtig machen würden. Wenn wir auf sein „Alles klar?“ mit „Alles klar!“ antworteten, dann kamen keinerlei weitere Fragen von seiner Seite. Mit der gleichen Ruhe sah er auf der Brücke nach dem Rechten oder löste seinen Mitarbeiter zwischendurch ab. Er war also auch zugleich sein eigener „Stürmann“.

Nur einmal bemerkten wir eine gewisse Spannung

bei ihm. Nach einem Essen fragten wir nach der Geschichte seines Dampfers. Dabei kam er auf ein dramatisches Geschehen gegen Ende des Zweiten Weltkrieges zu sprechen.

Das 1937 gebaute Schiff war in Wirklichkeit der Eisbrecher OSTPREUSSEN. Jetzt fuhr er vorübergehend als JAN DOOS. Hatte das etwas mit seiner Vergangenheit zu tun? Frühjahr 1945, Millionen befanden sich im Osten auf der Flucht vor der unaufhaltbar vorrückenden Sowjetarmee in Richtung Westen. Jedes Schiff, das sich auf dem Wasser bewegen konnte, wurde für die Evakuierung der Menschenmassen gebraucht und, wenn genügend Brennstoff vorhanden war, genutzt. Auch der Eisbrecher OSTPREUSSEN war im Einsatz. Selbstherrlich hatte sich der Gauleiter von Ostpreußen, Erich Koch, das Schiff angeeignet. Sein hundert Mann starker Stab, einschließlich Schweizer Küchenchef, durfte ihm das Geleit in die Freiheit geben. In seiner Überheblichkeit verlangte er, dass die Angehörigen der Besatzungsmitglieder des Eisbrechers zurückblieben, ohne zu wissen, was die Zukunft den Familien bringen würde. Hier hatte er sich aber verrechnet. Der Kapitän und seine Besatzung verweigerten das Auslaufen ohne ihre Angehörigen. Sämtliche Drohungen des Gauleiters halfen nichts. Die Zeit eilte. Zähneknirschend gab er zuletzt doch noch seine Einwilligung für das Anbordnehmen der Familienmitglieder. Auf Umwegen gelangte der Eisbrecher von Hela über Saßnitz schließlich in die Flensburger Förde. Erich Koch schlich sich in Zivilkleidung und mit neuen Papieren versehen von Bord. Er wurde jedoch später erkannt und festgenommen.

An der Back des Eisbrechers hatte uns plötzlich die Vergangenheit eingeholt und mancher von uns war doch etwas nachdenklich geworden.

Viel zu schnell brachte uns die kurzweilige Fahrt wieder nach Kiel und wir mussten das Schiff und seinen sympathischen Kapitän verlassen. Für mich war es das letzte Mal, dass ich vor der Kohlenfeuerung eines Schiffskessels stand. Merkwürdig, ich hatte die schwere, fordernde Arbeit auf den häufig schwankenden Flurplatten immer gerne geleistet.

Warum war der Eisbrecher überhaupt für die Bundesmarine in Dänemark? Keiner wollte oder durfte uns darüber nähere Auskunft geben. Frei nach der Devise: Die beste Information ist gar keine Information. Doch einiges sickerte durch. Angeblich hatten deutsche Marineangehörige auf der Versuchsanlage der dänischen Marine Torpedos eingeschossen. Die entsprechende Anlage in Eckernförde gab es zu dieser Zeit noch nicht. Das ganze Geschehen soll mit Wissen, aber ohne offizielle Zustimmung der beiden Regierungen oder Marinen, durchgeführt worden sein. Der zivile Eisbrecher war anscheinend Transportmittel und unauffälliger Anlaufpunkt während der ganzen Aktion. Daher auch die befristete Umbenennung des Schiffes. Man wollte höchstwahrscheinlich mit einer OSTPREUSSEN in dänischen Gewässern nicht auffallen. Die Besetzung des kleinen Nachbarlandes im Zweiten Weltkrieg durch die Deutschen war noch nicht vergessen.

Einen Eisbrecher JAN DOOS hat es in Deutschland in Wirklichkeit nie gegeben.

Die OSTPREUSSEN gibt es leider nicht mehr. Dank einer rechtzeitigen Rettungsaktion einiger vorausschauende Männer und der Initiative freiwilliger Helfer fährt heute aber noch ein vergleichbares Schiff mit einer ähnlichen Maschinenanlage in der Nord- und Ostsee als Museumsschiff; es ist der Eisbrecher STETTIN.

Flaggen dippen

Als wir mit den kleinen KFKs aus der Kieler Förde ausliefen, kam es uns schon etwas verwunderlich vor, dass wir auf den kleinen Schlickrutschern von den riesigen Handelsschiffen gegrüßt wurden. So ist es aber nun einmal internationale Gepflogenheit.

Der ehrende Gruß erfolgt durch das Dippen, also das Niederholen und Wiedervorheißen der Nationalflagge. Dabei wird die Heckflagge langsam bis in Höhe der Reling, die Gaffelflagge um zwei Drittel der Länge der Flaggleine niedergeholt, wenn das zu grüßende Schiff beziehungsweise die Landstelle fast querab ist. Die Flagge wird wieder vorgeheißt, wenn das gegrüßte Schiff seine Flagge niedergeholt hat. Ist das gegrüßte Schiff ein Kriegsschiff, muss das grüßende Schiff mit dem Heißen so lange warten, bis jenes seine Flagge wieder vorgeheißt hat.

Begegnet ein Handelsschiff einem Geschwader von Kriegsschiffen, so schreibt der Codex vor, dass bei jedem Schiff die Flagge gedippt wird. Es gab aber auch Zeitgenossen auf den Handelsschiffen, die beim ersten Schiff die Flagge niederholten und mit dem Wiedervorheißen so lange warteten, bis das letzte Schiff des Geschwaders passiert war. Leider wird dieser kameradschaftliche Brauch immer mehr vernachlässigt. Die Besatzungen der Handelsschiffe haben keine Zeit mehr für eine solche Höflichkeit. Ein Beispiel, auf einem Ozeanriesen mit einer Länge von zirka dreihundert Metern sind nur noch vier Deutsche, der Kapitän, der von umfangreichen

Schreibtischtätigkeiten aufgefressen wird, der 1. und der 2. Offizier, die sich während der Fahrt ablösen und das Hightech-Containerschiff jeweils bei Tag und Nacht aus der Operationszentrale (Brücke) steuern, und der Chief. Der Rest der Besatzung besteht aus Filipinos. Kaltes, wirtschaftliches Denken lässt langsam wieder einmal eine menschliche und liebenswerte Geste sterben. Schade! Dessen ungeachtet, sämtliche Handelsschiffe haben immer noch gegenüber den Kriegsschiffen aller Staaten die Pflicht zum ersten Gruß. Wer sich vorbildlich beim Flaggengruß verhält, das sind die russischen Kapitäne.

Früher grüßten sich auch die Handelsschiffe untereinander. Den ersten Gruß entrichtet:

- das überholende Schiff gegenüber dem überholten,
- das in Fahrt befindliche Schiff gegenüber dem vor Anker liegenden,
- das auf der Ausreise befindliche gegenüber dem heimkehrenden.
- Der Flaggengruß zwischen Kriegsschiffen aller Nationen ist nicht üblich (MDv 161/1). Ein gebotener Flaggengruß eines fremden Kriegsschiffes ist jedoch zu erwidern.
- Bei Flaggentrauer wird vor der Erwiderung des Flaggengrußes die Flagge vorgeheißt.

Die Grußpflicht stammt noch aus der Zeit der Windjammer. Man ehrte damit die Heimkehrer von einer oft sehr beschwerlichen Segelschiffsreise, indem das auslaufende Schiff immer als Erstes grüßte.

Ja, liebe Landratten, so einfach ist das Grüßen auf See. Oder ist es doch kompliziert?

Marine-Ehrenmal in Laboe: Beim Verlassen beziehungsweise Einlaufen in die Kieler Förde kommt noch eine besondere Ehrerbietung den auf See Gebliebenen hinzu. Auf der Höhe des Marine-Ehrenmals in Laboe wird auf den Kriegsschiffen Front mit der Trillerpfeife (Batteriepfeife – Steuerbord: einmal lang und einmal kurz, Backbord: einmal lang und zweimal kurz) gepfiffen, die Flagge gedippt und alle Besatzungsmitglieder am Oberdeck stehen still mit Front Richtung Marine-Ehrenmal, während es passiert wird.

In den Jahren wirtschaftlicher Not nach dem Ersten Weltkrieg ging von dem ehemaligen Obermaaten der Kaiserlichen Marine, Wilhelm Lammertz, die Anregung für den Bau des Ehrenmals aus. Sein Gedanke war, dass die Gefallenen der Marine in den Tiefen der Meere ruhen und deren Angehörigen eine Stätte brauchen, an der sie ihrer Toten gedenken können.

Mit Spendengeldern wurde das Ehrenmal errichtet und am 30. Mai 1936, zwanzig Jahre nach der Skagerrakschlacht, eingeweiht.

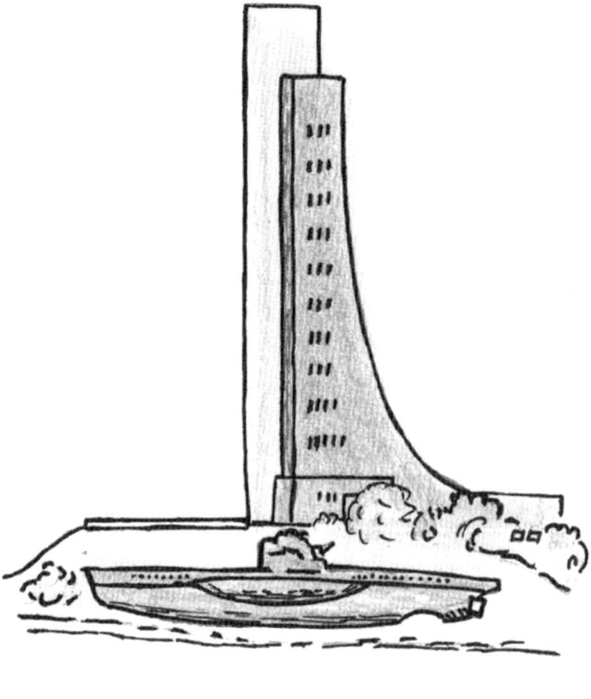

Der Flaggengruß auf der Höhe des Ehrenmals wurde zur Tradition. Heute dippen alle Handels- wie Kriegsschiffe des In- und Auslandes die Flagge als Ausdruck ehrenden Gedenkens und der Verneigung vor den auf See gebliebenen Seeleuten.

Alltag auf einem KFK

KFK war die Bezeichnung für Kriegsfischkutter. Man hatte diese Boote zwar als zivile Fischereifahrzeuge konzipiert, aber zusätzlich die konstruktiven Voraussetzungen für eine militärische Verwendung eingebracht. Mit ihrer Länge von dreiundzwanzig Metern passten sie bei schwerem Wetter annähernd in die typischen kurzen Wellen der Ostsee. Ganz unangenehm schlingerten die Boote bei dwars laufender See, dann kränkten sie bis zu fünfundvierzig Grad und alles, was nicht festgezurrt war, flog, einschließlich Menschen, durch die Gegend. Ihr Tiefgang von zwei Komma sieben Metern sorgte allerdings dafür, dass sie sich wie Stehaufmännchen immer wieder aufrichteten. Dass bei solchen Schiffsbewegungen den anfälligen Besatzungesmitgliedern das Essen aus dem Gesicht flog, wurde als gegeben hingenommen.

Schon 1943 bis 1945 als Hilfskriegsschiffe gebaut, wurden die KFKs bei der Kriegsmarine eingesetzt, danach beim BGS See und ab Juni 1956 bei der Bundesmarine. Die Einheiten führten anfangs die Bezeichnung 1. Hafenschutzgeschwader und später 1. Küstenwachgeschwader.

Wie brauchbar die Schiffchen tatsächlich waren, zeigte sich, als sie nach ihrer Ausmusterung 1963 zum Teil noch Verwendung in den afrikanischen Ländern Kenia und Tansania fanden.

Der hauptsächliche Auftrag des Geschwaders bestand in der Überwachung der nahen Grenzgewässer zur DDR. Bis die Ablösung eintraf, war man gewöhnlich eine Woche im Aufgabengebiet. Damals belauerten sich die beiden deutschen Staaten noch gegenseitig.

Der Heimathafen für das Geschwader war Neustadt in Holstein. Als „Ruhehafen" wurde jedoch der gut geschützt liegende Hafen Orth auf Fehmarn angelaufen, und von dort tuckerten die Boote zu ihren Einsätzen aus. Gewöhnlich füllte erst ein Zylinder des hundertfünfzig PS starken Dieselmotors die Pressluftflaschen auf, damit man bei Nebel die vorgeschriebenen Signale geben konnte. Beim Passieren des Feuerschiffes FEHMARNBELT übergab man der Besatzung die neuesten Zeitungen und Illustrierten. Als Gegenleistung übernahm man als angenehme Speiseplanbereicherung frisch geräucherte Flundern und andere Fische. War das Einsatzgebiet erreicht, dann versuchte man so nahe wie durchführbar an die zu überwachenden Schiffe zu gelangen. Mit einer „Leica" schoss man möglichst aufschlussreiche Bilder; wenn es gelang, auch von den Gesichtern der anderen Besatzungen. Ein Kommandant der Wachboote machte sich häufig den Spaß, dass er die Hand mit der geballten Faust hob und zu den östlichen Schiffen „Freundschaft!" rief. Versteinerte Gesichter waren die Antwort. Wie entspannend wäre damals schon ein kleines Lächeln oder ein munteres Zurückwinken gewesen.

Nach der Aufgabenerfüllung waren wieder einige Ruhetage im kleinen Hafen Orth auf Fehmarn angesagt. Häufig ging die gesamte Besatzung ohne Urlaubskarte an Land, um in der Dorfkneipe bei Freddy den beliebten Jämmerling zu trinken. Das war eine Sardelle auf Korn. Erst wurde die Sardelle in den Mund genommen und danach mit der klaren Flüssigkeit hinuntergespült. Die Tage waren ausgefüllt mit den gewohnten Bordarbeiten. So schrubbte man zum Beispiel mit dem „Gebetbuch"

(Bims- oder Ziegelstein mit Bimsmehl) das Holzdeck des Bootes und fluchte fürchterlich, wenn die Heizer mit ihren schmutzigen, öligen Stiefeln die getane Arbeit wieder zunichte machten. Lag man im Päckchen, ärgerten die Besatzungen sich gegenseitig damit, dass sie auf das frisch geputzte Deck des nächsten Bootes Brotreste warfen. Die gefräßigen Heizermöwen lauerten schon gierig darauf. Die jungen, aber schon ausgewachsenen Raubmöwen, wegen ihres noch grauen Gefieders von den Besatzungen Heizermöwen genannt, hatten eine so vorzügliche Verdauung, dass das Deck in ganz kurzer Zeit mit ätzendem Kot verunreinigt wurde.

Einer, ein eifriger Petrijünger, vertrieb sich gerne die Zeit mit Angeln vom Boot aus. Die Fische im Hafen von Orth hatten allerdings überhaupt kein Verlangen, an den Haken zu gehen. Nachdem er über längere Zeit erfolglos seinen Köder gewässert hatte, rief er eines Morgens enthusiastisch: „Ich habe einen!“ Vollkommen fassungslos musste er dabei feststellen, dass eine schon geräucherte Makrele am Haken hing. Die „mitfühlenden“ Kamera-

den hatten dem Anglerglück etwas nachgeholfen. Der gleiche Angler war eines Tages sehr erfolgreich. Im Heimathafen Neustadt warf er an der Stadtbrücke seinen Haken aus. Nach einiger Zeit lagen ausreichend Barsche in seinem Eimer und als ihn Kameraden auf dem Weg ins Kino zum Mitgehen aufforderten, ging er mit seiner Beute, die Rute geschultert, mit. Die Fische und sein Angelzeug wollte er bei der Garderobiere abgeben. Die Frau war selbstverständlich von dem glitschigen Eimerinhalt nicht sehr begeistert und lehnte die Annahme ab. So trottete unser Freund ohne cineastische Erbauung, aber mit fangfrischen Fischen, wieder zurück auf sein Boot.

Mit solchen oder ähnlichen Alltäglichkeiten vergingen die beschaulichen Hafentage bis zum nächsten Einsatz.

Anmerkung: Als ich später auf der Schulfregatte HIPPER fuhr, meldete ich mich einmal in einem „Anfall von geistiger Umnachtung" zu einer Fahrt auf der Schulfregatte GRAF SPEE, also zur freiwilligen Arbeit. Unsere HIPPER lag in der Werft und mir war es irgendwie langweilig geworden. Auf dem Schwesterschiff suchte man Fahrmaate, um die Urlaubsabwicklung der Besatzung reibungslos durchführen zu können. So stieg ich dort für mehrere Wochen ein. Nach einer Fahrt in der Nordsee wurde die GRAF SPEE plötzlich zur Beltüberwachung in die Ostsee abkommandiert. Dies war ein vollkommen unüblicher Auftrag für das Schiff. Neugierig standen wir am Oberdeck, als die ersten Minensucher der DDR uns Gesellschaft leisteten. Um die andere Seite etwas zu ärgern, nahmen wir Fahrt auf, und rasch lagen die Verfolger achteraus. Schon nach ganz kurzer Zeit tauchte ein schnelleres Schiff der Volksmarine auf. Dessen Geschütze waren besetzt. In Rufweite zeigten sie, wer jetzt der Schnellere war. Unsere Geschütze blieben während der ganzen Aktion mit der Persenning abgedeckt und fröhlich winkten wir den Volksgenossen zu. Auf der anderen Seite war keine freundliche Regung zu erkennen, nur im Windschatten eines Aufbaus hob ein Einzelner, von seinen Kameraden unbemerkt, grüßend die Hand.

„Habe ich schon gesehen!"

Nachdem die trennende Mauer durch Deutschland gefallen ist, kann man die Kameraden in den neuen Bundesländern wieder besuchen. Bei einer solchen Zusammenkunft wurde mir folgende Geschichte erzählt.

Auf einem Boot der Volksmarine tat ein Kommandant Dienst, der dafür bekannt war, dass er Meldungen über Sichtungen auf dem Wasser immer mit den Worten „Habe ich schon gesehen!" entgegennahm. Dabei war es gleichgültig, ob er etwas tatsächlich gesehen hatte oder nicht. Das sah zum Beispiel so aus: „Seezeichen zehn Grad Steuerbord voraus!" „Habe ich schon gesehen!" „Fischereifahrzeug Backbord voraus!" „Habe ich schon gesehen!" und so weiter. Derweil glich er auf seinen auffälligen – bei der ganzen Volksmarine bekannten – krummen Beinen die Schiffsbewegungen aus und jeder merkte, dass er mit seinen Gedanken ganz woanders war.

Einem Beobachter auf der Brücke ging das „Habe ich schon gesehen!" irgendwann auf die Nerven und er meldete plötzlich: „Radfahrer kommt von achtern auf!" Es folgte das obligatorische „Habe ich schon gesehen!". Plötzlich war es mucksmäuschenstill. Wenn das man gut geht! Was würde geschehen? Wie würde der Vorgesetzte auf diese Dreistigkeit reagieren? War ein Donnerwetter oder gar mehr fällig? Wie im Johannes-Evangelium nachzulesen ist, war Jesus der letzte bekannte Fußgänger, der unmittelbar auf dem Wasser wandelte, als sich seine Jünger mit dem Schiff auf dem Wege nach Kapernaum befanden. Von einem Radfahrer auf dem Wasser hatte man, selbst als Wunder, noch nie gehört, schon überhaupt nicht auf der Ostsee. Der Kommandant erstarrte für kurze Zeit, dann überzog sein Gesicht ein Schmunzeln und der Frechdachs merkte erleichtert, dass er noch einmal davongekommen war.

Ob der Kommandant auch weiterhin die Meldungen mit „Habe ich schon gesehen!“ beantwortete, ist nicht überliefert. Auf alle Fälle merkt man, dass auch bei den Kameraden der ehemaligen Volksmarine der Humor nicht zu kurz kam.

Der Gefangene

Unser Ausflug nach München und die Fahrt auf dem Eisbrecher hatten etwas Abwechslung gebracht. Jetzt trat wieder der übliche Kasernenalltag ein. Die Tage vergingen langweilig mit Wacheschieben, U.v.D.-Gehen, Sport und kleineren Arbeiten in der Kasernenanlage. Eine willkommene Abwechslung war nur das V-Bootfahren auf der Weser und auf der Hunte.

Eines Tages brachte man einen Gefangenen. Sein „Verbrechen" konnte nicht so schlimm gewesen sein, denn er musste nur für einige Tage in den Knast. Der Gefängnisraum lag im Keller eines der Kasernengebäude. Kleine Kellerfenster und der Zugang aus dem Treppenhaus sorgten für die nötige Belüftung. Die Vorschriften besagten unter anderem Rauchverbot und keinen Lesestoff in den ersten drei Tagen, ausgenommen die Bibel. Die Koje hatte am Tage hochgeklappt zu sein, damit der Knastologe seine Strafe nicht im Schlafe verbrachte. Freigang nur unter der Aufsicht eines Dienstgradgleichen (oder höher) und so weiter.

Am dritten Tag hatte ich das zweifelhafte Vergnügen, als U.v.D. für den Gefangenen zuständig zu sein. Schon beim ersten Gespräch zeigte sich mir ein ganz gewitzter, aber sympathischer Bursche.

In einem Blechgeschirr wurde ihm das Mittagessen aus der Kantine gebracht. Der mitleidige Smutje legte eine Extra-Portion Fleisch in den Behälter. Es ließ sich also recht gut als Gefangener aushalten

Mit der Rifle M1, dem damaligen Standardgewehr

der Bundeswehr, auf der Schulter, begleitete ich den Straftäter durch das Gelände. Am Sportplatz, vor dem Weserdeich, pflückten wir Haselnüsse. Als Nussknacker diente der Gewehrkolben. Sein größtes Anliegen jedoch war der Wunsch nach einer Zigarette. Zu der Zeit hatte ich mir wieder einmal das Rauchen abgewöhnt und konnte somit, selbst wenn ich gewollt hätte, nicht auf sein Verlangen eingehen.

Zurück in seinem Verlies, verlangte er nach der „Heiligen Schrift". Schon kurze Zeit danach zog ein merkwürdiger Duft durch das Treppenhaus, Richtung U.v.D.-Raum. Eilig suchte ich nach der Quelle des Geruches. Hatte sich doch dieser Kerl aus trockenen Blättern und den Seiten der Bibel eine Zigarette gedreht und nahm auf diese eigenartige Weise das „Wort Gottes" in sich auf.

Bundeswehrfachschule

Um das geistige Niveau der dienenden deutschen Jugend zu heben, hatte man sehr früh Bundeswehrfachschulen eingerichtet. Ein Abschluss war nach drei Lehrgängen möglich. Unterrichtet wurde in den Fächern Mathematik, Deutsch, Englisch, Geschichte, Schreibmaschinenschreiben und so weiter. Das Unterrichtspersonal rekrutierte sich ausschließlich aus zivilen Pädagogen. Es waren Lehrer und Lehrerinnen jeglicher Couleur; zum Teil aber auch ältere Herrschaften mit einer schon etwas schlotternden Senilität. Alle gaben sich jedoch redlich Mühe, uns den vorgesehenen Lehrstoff zu vermitteln. Meine damalige Einstellung zu Lehrgängen war, mit einem Minimum an Arbeit und Aufwand das Klassenziel zu erreichen, was mir auch immer gelang.

Wir, die Schüler, bestanden anno dazumal ausschließlich aus Unteroffizieren. Da drückte ein Maat neben einem Oberfeldwebel des Heeres die Schulbank oder ein Bootsmann paukte neben einem Stabsunteroffizier der Luftwaffe. Es lag in der Natur der Sache, dass wir Mariner an den Schulen der Hafenstädte in der Überzahl waren.

Wie schon der bekannte Film „Die Feuerzangenbowle" zeigt, fordert eine Schule regelrecht dazu auf, Unfug zu treiben. Opfer für uns waren nicht nur die Lehrkräfte, sondern auch die Kameraden von der anderen „Feldpostnummer" (Heer und Luftwaffe). In der Nähe beheimatet, fuhren sie täglich nach Hause. Wir, der Rest, schliefen in der Kaserne an der Geeste.

In unserer Schnarchburg wurden gelegentlich Heeres- oder Luftwaffenangehörige untergebracht, die dienstlich in Bremerhaven zu tun hatten. Schon das erste Wecken ließ sie perplex aufhorchen. Nach der Ouvertüre, dem Locken (Purren) und dem folgenden, durchdringenden Auf und Ab der Bootsmannsmaatenpfeife, folgte das ausgesungene „Reise, reise aufsteeeehn!". Um das Aufstehen etwas freundlicher zu gestalten, hängte der U.v.D. anschließend in der Regel eine Reihe von durchweg eindeutigen, nicht ganz stubenreinen Kurzreimen an. Einer der Harmlosesten war zum Beispiel: „Kommt hoch ihr müden Leiber, die Pier steht voller nackter Weiber!". Je nach Dienstalter und Erfahrung des U.v.D. konnte die Aufzählung solcher Sätze ganz beachtlich und blumenreich gewagt sein. Häufig versuchte man, am nächsten Morgen den Vorgänger mit noch deftigeren Versen zu überbieten. Meist folgte noch ein kerniges „Komm hoch Seemann, du musst pissen!". Womit der Wecker in fast allen Fällen Recht hatte.

Leider ist das Aufsagen solcher versöhnlicher Verse heute verboten. Eine alte Tradition wurde offenbar von selbst ernannten Moralaposteln abgewürgt.

Unseren Mitschülern von Heer und Luftwaffe machten wir gleich am Anfang klar, dass ein schlechter Maat immer noch einen hervorragenden Oberfeldwebel des Heeres oder der Luftwaffe abgeben würde. Natürlich war das Unsinn. Schnell zeigte sich, dass es in der Regel prima Kameraden waren.

Täglich brachte uns der Bus von unserer Unterkunft in Geestemünde zur Schule in der militärischen Anlage „Roter Sand". Es war Winter und an den Fenstern des Mansardenunterrichtsraumes hingen dicke Eiszapfen. Ein solcher rutschte einmal ganz unauffällig einem der Lehrer bei Unterrichtsende, nach einem kurzen Ablenkungsmanöver, in die Hosentasche. Sicher hat er sich gewundert, als er auf dem Nachhauseweg plötzlich eine feuchte Hose bekam. Beim nächsten Unterricht ging er mit keinem Wort auf den Schabernack des Vortages ein. Nur seine Augen schweiften anfangs suchend über seine unschuldig blickenden Schüler und nach den nächsten Unterrichtsstunden griff er erstaunlich oft in die Hosentasche.

Auch als Unterrichtsteilnehmer musste man sich während der frostigen Zeit auf ähnliche Attacken gefasst machen. Unauffällig wurde hinter das Gesäß eines Schülers ein Eiszapfen gelegt. Bekanntlich ändert sich der Aggregatzustand eines solchen bei Wärme. Das Wasser suchte sich seinen Weg in die Vertiefung der Sitzfläche und nahm dabei Körperwärme an. Richtig unangenehm wurde es erst, wenn man danach mit der feuchten Hose an die eiskalte Luft kam.

Einer der schon etwas älteren Lehrer suchte einmal nach der Pause seine Tasche mit den Unterrichtsunterlagen. Friedlich hing die Mappe über seinem Kopf an der Befestigung für die Weltkarte. Erst als er, auf unser Anraten hin, noch einmal im Lehrerzimmer nachgesehen hatte und danach etwas konfus, jedoch mit angeregtem Kreislauf durch das wiederholte Treppensteigen, umhersah, bekam er seine Unterlagen schließlich wieder zurück.

Im Gegensatz zu einer unserer Lehrerinnen, die dem Herz eines Mannes nur noch dann zu einer höheren Schlagfrequenz verhelfen konnte, wenn sie ihn in einem liftlosen Haus im vierten Stock als Besucher empfing, war unsere Schreibmaschinenlehrkraft, wenn auch nicht mehr ganz knackefrisch, so doch noch recht reizvoll. Ihr verhalfen wir immer wieder zu langen Ohren. Wir erzählten uns in den Kurzpausen pikante Witze, und zwar so, dass sie die für sie vorgesehenen, unzweideutigen Passagen halbwegs hören konnte. Nach dem Ende des Lehrgangs, bei der Abschlussfeier, gestand sie, dass sie zeitweilig enorm sauer auf uns war. Vor allem unser hinterhältiges Lachen ging ihr beachtlich auf die Nerven.

Weniger Glück hatten wir bei unserem Englischlehrer. Wenn wir beim Lesen englischer Sätze uns zwischendurch bewusst falsch ausdrückten und zum Beispiel für school schwul oder für important impotent vorlasen, dann hörte er schlicht darüber hinweg oder fragte einfach und ergreifend: „Und richtig?“ Schnell gaben wir bei ihm die Dummheiten auf und wurden in der Folgezeit von ihm geduldig berichtigt, wenn wir tatsächlich Fehler machten.

Einem Mann, den wir alle sehr schätzten, möchte ich an dieser Stelle ein kleines Denkmal setzen. Vielen Lehrgangsteilnehmern in Bremerhaven wird unser liebenswerter Deutschlehrer, Herr Doktor Stölting, unvergessen bleiben. Ich sehe ihn immer noch vor der Klasse stehen und skeptisch durch seine dicken Brillengläser sehen. Wir hatten eben über Rom gesprochen, als einer der Schüler mit der harmlosesten Miene der Welt fragte, ob die Sixtinische Kapelle auch außerhalb Italiens spielt und welche Art von Musik sie macht.

Seine anfänglich skeptische Miene wich schnell einem Schmunzeln. Er wusste, dass wieder einmal einer versuchte, ihn auf die Arme zu nehmen.

Der selbst ernannte Figaro

Wie damals üblich, fuhr man nur während des Jahresurlaubs nach Hause. Selbst die Verheirateten blieben überwiegend im jeweiligen Standort und nützten allenfalls verlängerte Wochenenden und die Urlaubszeit für das vertraute Beisammensein mit der Ehefrau. So blieb es nicht aus, dass man in der Freizeit gemeinsam mit den Kameraden etwas unternahm. Ein solches Wochenende stand bevor.

Freitag, die Lehrer hatten uns wieder einmal fünf Tage ertragen. Mit einigen Kameraden ging es an Land. Bei Ruthchen, einer sehr marinefreundlichen Wirtin, wurde die bevorstehende Freizeit eingeläutet.

Kaum hatten wir Platz genommen, öffnete sich die Tür zur Gaststube erneut. Eilig, wie ein Verdurstender, bestellte der anscheinend schon etwas trantütelige Neuankömmling ein Bier am Tresen. Die Wirtin, die den alten Schluckspecht bereits kannte, fragte erst einmal, ob er überhaupt Geld für das Bier hätte. Eilig kam die Antwort: „Für eines reichts noch." Wir wurden aufmerksam. Nachdem seine Trockenzone im Halsbereich vorerst einmal erfolgreich befeuchtet war, fing er zu klagen an. Der Grund, man hatte ihn zu früh aus dem Gefängnis entlassen. Jetzt wurden wir noch aufmerksamer. Da beschwerte sich einer, dass er zu früh aus dem Knast musste. Gibt es so etwas überhaupt?

Schnell wurde der Bierfreund an unsere Back gelotst. Bereitwillig erzählte er gleich beim ersten Freibier seine Geschichte. Auf Grund wiederholter kleinerer Geldbetrügereien hatte man ihn für einige Tage eingelocht. Wegen des bevorstehenden Wochenendes und seiner anderweitigen Harmlosigkeit wurde er aber vor Ablauf der Strafe wieder entlassen. Dabei hatte es ihm im Knast doch recht gut gefallen. Er konnte dort duschen, brauchte sich nicht um sein Essen zu kümmern und zusätzlich sollten seine Haare noch geschnitten werden. Dazu war es jedoch, wegen der vorzeitigen Entlassung, nicht mehr gekommen. Während seiner Erzählung fiel sein sehnsüchtiger Blick immer wieder auf sein zwischenzeitlich wiederum leeres Glas und wir sorgten für ein neues. Indessen war er von der hochdeutschen Sprache in sein vertrauteres Platt verfallen; dabei schüttete er professionell das Gratisbier über die Oberkante seiner Unterlippe.

Mit einem Mal erklärte einer von uns, dass er Frisör sei und dass er gerne den Haarschnitt nachholen würde. Die Wahrheit war, er konnte mit einer Blechschere umgehen, denn das hatte er gelernt. An einem Kopf hatte er sich aber mit einer Schere noch nie versucht. Schnell war ein Kamm zur Hand und eine Schere von der schmunzelnden Wirtin ausgeliehen. Das Tischtuch wurde zweckentfremdet dem Opfer umgebunden, und schon ging der selbst ernannte Figaro, mit „sachkundigen" Ratschlägen von uns versorgt, ans Werk. Ein zügiger Schnitt kürzte die Haupthaare, der nächste legte das rechte Ohr großzügig frei, dafür wurden einige Stufen in die Hinterkopfhaare geschnitten und so weiter. Nach der ganzen Prozedur sah unser neuer Freund doch etwas merkwürdig aus.

Nach seinem „Dank scheun, min Jung!" begleiteten wir den frisch Gestylten zur Toilette, um das „Meisterwerk" vor dem Spiegel gemeinsam zu begutachten. Nach einer Schrecksekunde brachte er nur noch hervor: „Dat geiht to wiet." Als wir dann aber lachend versprachen, dass wir auch für die nächsten Biere aufkommen würden, tröstete er sich schließlich damit, dass die Haare wieder nachwachsen und außerdem hätte er zu Hause noch einen Hut, den er sich in der nächsten Zeit aufsetzen könne.

Getröstet über die Attacke auf seine „Schönheit" und mit sich zufrieden machte er sich daraufhin mit dem Fassungsvermögen einer gut funktionierenden Drainage über das so erworbene Freibier.

Badefreuden

Auf Grund eines Versetzungsgesuches kam ich als Einziger, der vorher noch nicht auf diesem Schiff gefahren hatte, von der Bundeswehrfachschule auf die Schulfregatte HIPPER.

1961, nur noch wenige Tage bis zum Auslaufen zur 14. AAR am 9. Februar in Richtung Südamerika. Wir hatten die vorgeschriebenen Impfungen über uns ergehen lassen. Die übliche Betriebsamkeit umgab die Schiffe. Mit Lastwagen wurden Proviant, Bier und Munition angekarrt. Tonnenweise verschluckten die nimmersatten Bunker Trinkwasser, Öl und Schmierstoffe. Zwanzigtausendsechshundertachtzehn Seemeilen lagen bis zur Wiederankunft in Kiel vor uns und nichts durfte vergessen werden. Selbst neue Besatzungsmitglieder stiegen noch an Bord ein. Ich war erst wenige Wochen auf dem Schiff und war gespannt auf die große Reise.

Der erste Zwischenhafen auf dem Weg nach Südamerika war für die HIPPER und die GRAF SPEE Porto Grande auf den Kapverden. Woher kommt die Bezeichnung „Verde“? Fast nichts ist grün, die Berge, das Land, alles braun, nur die Menschen sind schwarz. Die Sonne brannte erbarmungslos auf die Inseln im Atlantik.

Auf offenen Lastwagen brachte man uns zu einer Badestätte. Für uns aus dem kalten Norden war es ganz ungewöhnlich, dass man im Februar in freier Natur baden konnte. Nach dem ersten Abkühlen lagen wir am Beckenrand. Einige dösten in der wohlig auf der Haut brennenden Sonne. Andere reesten belangloses Zeug mit den Kameraden.

Einer der Lords, kurz vor dem Auslaufen auf die HIPPER gekommen, unterhielt sich leutselig mit einem älteren, ihm unbekannten Herrn.

„Herrlich, im Februar schon baden zu können.“

„Hm.“

„Wie gefällt es Ihnen hier?“

„Gut.“

„Wie kommen Sie als Weißer auf diese Insel?“

„Ich bin der Kommandant der GRAF SPEE.“

„Oh – Verzeihung, Herr Kapitän!“

In der Badehose sind eben fast alle Menschen gleich.

Handlaufschmirgeln

Am Nachthimmel funkelte neben unzähligen Sternen auch das etwas enttäuschende Bild des „Kreuzes des Südens". Marschfahrt, monoton wog sich die HIPPER in der leichten Dünung.

Im Maschinenraum war es unangenehm warm. Ich hatte mich in den direkten Luftzug des Ventilators gestellt, von Zeit zu Zeit einen Blick auf die Manometertafel des Maschinenleitstandes der Backbordturbine werfend. Nur hie und da musste ein geringes Korrigieren der Drehzahl vorgenommen oder der Sperrdampf an der Labyrinth-Stopfbuchse reguliert werden. Mehr war nicht zu tun. Selbst das kleine Pult mit der Kladde zum Aufzeichnen der Maschinenmanöver war verwaist. Die Turbinen sangen gleichmäßig ihre vertraute Melodie. Auch der Fahrmaat am Steuerbordfahrstand hing Zigaretten rauchend seinen Gedanken nach.

Nur einer war am Arbeiten und Schwitzen, einer der uns zugeteilten Offiziersanwärter. Er hatte irgendwas angestellt und durfte zur Strafe die angelaufenen Handläufe um die Turbinen säubern. Die Arbeit bestand darin, dass mit Schmirgelleinen das Rohr in der Längsrichtung gereinigt wurde und danach, mit gleich breiten Streifen, ein Muster in Querrichtung aufgebracht wurde.

Nach einiger Zeit meldete er „Befehl ausgeführt" und ich sollte das Getane überprüfen. Was war das? Auf einem der Rohre befanden sich lange und kurze Querstreifen. Auf meine Frage, was das zu bedeuten habe, bekam ich zur Antwort, dass er wohl aus Versehen

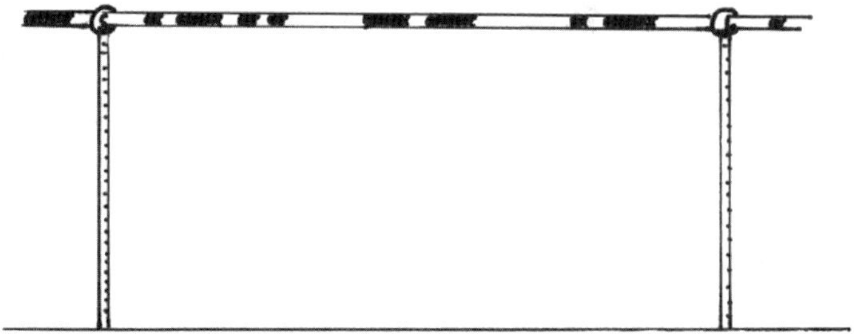

ungleich breite Streifen abgerissen hätte. Dabei hatte er einen recht verschmitzten Gesichtsausdruck.

Die Sache kam mir eigenartig vor und ich rief im Funkschapp an, dass einer der Funker in die Maschine kommen solle. Jetzt wurde es unserem Kadetten doch etwas blümerant. Mit Recht! Er hatte nämlich das Rohr mit Morsezeichen, und zwar mit den Anfangsbuchstaben des Götzzitates, versehen.

Was war zu tun? Der Bursche war clever, und ich konnte über seine Handlung innerlich nur lachen. Ich hatte den Befehl für die Arbeit nicht gegeben und war somit auch nicht von der aufgeschmirgelten Aufforderung ausdrücklich betroffen. Man konnte die Angelegenheit aber auch nicht auf sich beruhen lassen. So stellte ich ihm die Frage, ob das die Ausdrucksweise eines zukünftigen Offiziers sei? Außerdem, was er, wenn er jemals, zum Schaden des deutschen Volkes, Offizier werden sollte, in einem solchen Fall tun würde? Er entgegnete mit einem entwaffnenden Schmunzeln: „Alles neu schmirgeln lassen."

Und so geschah es, denn zur Meldung mochte ich den pfiffigen Kerl nicht bringen. Zusätzlich musste er noch, während seiner Freiwache, in der Schlingerdämpfungsanlage die verschwenderisch angebrachten Messingschilder putzen. Eine sehr unangenehme Arbeit, denn an keiner Stelle des Raumes konnte man aufrecht stehen und man war genötigt, über viele Gestänge und Maschinenteile zu steigen. Dort konnte er nur sehr schlecht Morsezeichen anbringen. Und wenn, dann sah es keiner, denn der Raum wurde so gut wie nie begangen.

Das hatte mir keiner gesagt

Selbst auf die Gefahr hin, dass man mich für einen Banausen hält, soll hier dieses kleine Erlebnis aufgeführt werden.

Buenos Aires, Vormittag, wie üblich mussten verschiedene Arbeiten durchgeführt werden, bevor unsere Schiffe wieder von unzähligen, vor allem deutschstämmigen Besuchern überschwemmt wurden. Dabei musste alles, was nicht niet- und nagelfest war, im Auge behalten werden, denn manche „Gäste" deckten sich gerne mit Souvenirs ein. Selbst unsere Salztabletten an den Trinkvorrichtungen fanden Liebhaber.

Unerwartet tauchte der katholische Bordpfarrer auf und suchte Begleiter für ein Treffen mit Kirchenvertretern in der argentinischen Hauptstadt. Ein gewitzter und fähiger Soldat lebt bekanntlich nach der Devise „Wer Arbeit kennt und danach rennt und sich nicht drückt, ist verrückt". So stellten wir uns, ein Kamerad und ich, ohne viel zu fragen, für diese Repräsentationsaufgabe zur Verfügung. Was macht man nicht alles für das geliebte Vaterland! Anzug „Hoher Hut" stiegen wir kurz danach in eine wartende Militärlimousine der Marine des südamerikanischen Staates.

Nun waren wir doch etwas überrascht, denn unser erster Weg führte uns zu einer Audienz beim Kardinal von Argentinien. Im Eingangsbereich der Residenz standen ehrerbietige Gestalten umher und wiesen uns diskret den Weg. Die Räume waren dunkel gehalten und zusätzlich hatte man mit schweren Vorhängen das Sonnenlicht ausgesperrt. Das Ganze vermittelte einen Respekt gebietenden Eindruck. Unser bordeigener Seelenhirte führte das Defilee an. Er verbeugte sich, für mich auffällig, vor dem kirchlichen Würdenträger. Auch mein Kamerad senkte erstaunlich tief sein Haupt. Dann war ich an der Reihe. Ich nahm die dargebotene Hand mit kräftigem Druck und sah dem Kirchenfürsten mit einem angedeuteten Kopfnicken ins Angesicht. Dabei versuchte ich einen möglichst frommen Eindruck zu erwecken. An der nun folgenden Konversation nahm auch ein argentinischer Militärbischof teil. Wir, mein Kamerad und ich, setzten derweilen ein der Umgebung angepasstes feierliches Gesicht auf und langweilten uns fürchter-

lich. Wegen fehlender Sprachkenntnisse verstanden wir kein Wort von der ganzen Unterhaltung.

Endlich wurde aufgebrochen. Der Kardinal überreichte uns noch einen Rosenkranz mit dem Auftrag, ihn unseren Müttern zu übergeben. Danach folgte wieder das gleiche Zeremoniell mit der Demutshaltung meiner Vorgänger und meiner aufrechten, aber herzlichen Verabschiedung.

Kaum an der frischen Luft, fuhr mich mein in kirchlichen Belangen versierterer Gefährte an: „Du bist doch ein richtiger Dösbaddel; man sollte dich doch gleich exkommunizieren. Bei einer solchen Begegnung wird der Kardinalsring geküsst." Aha, daher die Verbeugung. Das hatte mir keiner gesagt! War es doch meine erste persönliche Begegnung mit einer solchen Persönlichkeit und wahrscheinlich auch die letzte dieser Art in meinem Leben.

Nach dieser Episode fuhr unser kleiner Konvoi, der Bischof mit seiner ganzen Mahalla von Geistlichen und wir, in die Militärakademie der Hafenstadt. Dort erwarteten uns hohe Offiziere der drei Waffengattungen zur Besichtigung der Anlage. Man konnte davon ausgehen, dass mein Kamerad und ich die niedrigsten Dienstgrade in der ganzen Korona waren. Wobei uns die hierarchische Rangordnung bei den Gottesdienern vollkommen unbekannt war.

Zum anschließenden Mittagessen führte man uns an eine fürstlich gedeckte Tafel. Welch eine Pracht! Da schmückten exotische Blumen den Tisch. Kerzen brannten in reich verzierten silbernen Leuchtern. Untadelig und militärisch ausgerichtet standen Teller und Gläser in allen Größen und Formen neben silbernen Gabeln, Messer und Löffeln in mehrfacher Ausgabe. Zierliche Böckchen als Besteckauflagen und schwere silberne Serviettenringe ergänzten das Ganze. Anscheinend bekam der Rio de la Plata (Fluss des Silbers) seinen Namen deshalb, weil man das ganze silberne Zeug auf ihm hierher gebracht hatte.

Die Getränke und das Essen trugen aufmerksame Soldaten der argentinischen Marine auf. Jetzt war ich vorsichtig geworden. Vor jedem Handgriff sah ich auf meine „erlauchten" Tischgenossen, damit mir nicht noch einmal ein Fauxpas wie beim höchsten katholischen Kirchenvertreter Argentiniens unterlief. Ich hatte doch zu wenig Erfahrung an einer solchen erlesenen Tafel. Mir war nur die Regel bekannt, dass man sich von außen nach innen durcharbeitet.

Mit abgespreizten Fingern trank man auf das gegenseitige Wohl. Jeder lächelte jeden artig an. Alles war so distinguiert und affektiert, dass mir das vielgängige, ausgesuchte Menü einfach nicht so richtig munden wollte. Welch eine Befreiung für mich, als uns der Wagen wieder zurück auf unsere schnörkellose Welt brachte.

Wie herrlich ungezwungen konnten wir doch an unserer Back im Deck essen, obwohl auch dort gewisse Tischsitten eingehalten wurden und uns der Umgang mit Messer und Gabel durchaus nicht unbekannt war.

Am Rio Para

16. April 1961, HIPPER und GRAF SPEE lagen in der gelblichen Strömung des Urwaldstromes Rio Para vor Anker. Die Schiffe zerrten an ihren Ketten und rauschend floss das Wasser an den Bordwänden längs. Am Ufer war der geheimnisvolle, undurchdringliche Dschungel zu sehen und der Geruch von tropischer Vegetation hing in der Luft.

Wie schon so oft auf dieser Reise, wurden die Schiffe neu gepönt. Beim Einlaufen in Belem sollten sich die Schiffe und mit ihnen ihre Besatzungen von der besten Seite zeigen. Auf der HIPPER arbeitete man emsig. Im Bootsmannstuhl hängend, mit Farbquasten und -rollen an langen Stangen, verschönerte man das Schiff. Durch Umpumpen der Frischwasserzellen und der Ölbunker bekam das Schiff so ausreichend Schlagseite, dass auch ein Teil des Unterwasserschiffes vom Kutter aus gestrichen werden konnte. Es war untersagt, die Toiletten auf der Seite zu benützen, auf der gerade gearbeitet wurde. Die zwischenzeitlich von Magensäften und Darmflora bearbeitete, reichhaltige Bordverpflegung hätte unansehnliche Spuren auf der frisch gestrichenen Wandung hinterlassen. Außerdem sollten die Pinselschwinger vor unangenehmen Überraschungen sicher sein. Die Abflussrohre endeten, mit Ausnahme des Rohres aus dem Krankenrevier, normalerweise alle unter der Wasserlinie, durch die Schiffskränkung lagen sie jedoch während dieser Arbeiten höher.

Zwei Seemänner gingen, auf einer Stelling an zwei

Tampen sitzend, ihrer Arbeit unterhalb des Krankenreviers nach. Schon einmal waren sie fluchend einer unappetitlichen Dusche unter dem hoch liegenden Abfluss mit akrobatischem Geschick entgangen. Jedoch kurze Zeit danach flogen ihnen, mit einer dazugehörenden Ladung anrüchiger Flüssigkeit, ein weiteres Mal Kupferbolzen auf das Brett. Ein lautes „Jetzt scheißt der Kerl schon wieder!" machte den Frevler auf seine Untat aufmerksam. Aus dem WC-Bulleye tauchte mit einem verblüfften, leicht ärgerlichen Gesichtsausdruck der Kopf des Stabsarztes auf.

Plötzlich ein vielstimmiger Aufschrei der Schiffskosmetiker. Einer der Pinselquäler war bei seiner Verschönerungsarbeit in den Strom gefallen. Eilends kam der Kutter zum Einsatz und schon nach kurzer Zeit wurde der unfreiwillige Schwimmer in das Beiboot gezogen. Die Kuttermannschaft legte sich danach kraftvoll in die Riemen, um zurück zum Schiff zu pullen. Es zeigte sich jedoch sehr schnell, dass die Strömung zu stark war. Es gelang nicht, das Schiff an seiner Ankerkette zu erreichen. Unaufhaltsam trieb der Kutter in Richtung Mündungsbereich Rio Para – Amazonas. So schnell wie möglich wurde das V-Boot zu Wasser gelassen und den rasch Entschwindenden nachgesandt. Trotzdem vergingen

Stunden, bis die unfreiwilligen Ausflügler wieder glücklich an Bord genommen werden konnten.

Im Krankenrevier bereitete sich in der Zwischenzeit der Arzt auf seine Vortragsreihe über mögliche Krankheiten in der brasilianischen Stadt vor. Er wollte durch seine plastische Schilderung einer ausgereiften Gonorrhö und von verwandten Nettigkeiten dafür sorgen, dass keiner den Reizen der temperamentvollen, dunkeläugigen Hafenschönen erliege.

Kaum an der Pier der vom Urwald umgebenen Stadt, kam für den Bordarzt seine große Stunde. Wir hörten zu – wie immer. Da war die Rede davon, dass bei einigen der Verstand in der Hose sitzen würde. Besser da, als überhaupt keinen Verstand, so die Meinung der Lords. Unser Doktor lief bei seinen anschaulichen Schilderungen zu seiner vollen Größe auf. Man konnte seine Begeisterung förmlich spüren.

Dabei hatten die Jungs schon einschlägige Erfahrungen aus dem zurückliegenden Hafen Rio de Janeiro. Sie freuten sich seit Tagen auf die bekanntlich schönsten Frauen der Welt mit ihrer samtenen, getönten Haut. Nirgends vereinen sich die weiblichen Reize, durch den Blutcocktail vieler Menschenrassen, zu solcher Vollkommenheit wie bei den Brasilianerinnen; und nirgendwo tragen junge Frauen ihre natürliche Sexualität so zwanglos zur Schau wie in diesem Vielvölkerstaat.

An der Stelling brachte man eine Karte der Stadt an. Darauf war genau eingezeichnet, wo man nicht hin sollte. Alle, die von Bord gingen, beäugten nun genau die Karte. Jetzt wussten die Lords wenigstens, wie sie auf dem schnellsten Weg zu den erträumten Abwechslungen vom täglichen Bordgeschehen gelangen konnten. Man wollte sich doch schließlich nicht verlaufen.

Der „brennende" Tanker

Karibik, langsam kühlte es sich ab und der Himmel versprach für die Nacht sternenklar und sichtig zu werden. Es war ein Abend, wie ihn sich Hein Seemann wünschte, wenig Seegang, keinerlei Hektik. Wer Dienst hatte, ging seinen Aufgaben entspannt nach. Ein Teil der Kameraden der Freiwache kostete die herrlichen tropischen Abendstunden aus, um an Oberdeck liegend die Gedanken aus der begrenzten Umgebung des Schiffes flüchten zu lassen. Einige betrachteten einfach nur den Sternenhimmel. Wer die Hundewache vor sich hatte, lag schon in der Koje oder im Schlafsack am Oberdeck und ließ sich von der Dünung in den Schlaf wiegen. Einige hörten auf die hundertfach abgespielten Musikkonserven aus der Lautsprecheranlage. Jeder Einzelne kannte inzwischen die Melodienfolge eines jeden Bandes. Schiffsalltag!

Der Kommandant machte noch einmal seine Runde über die Brücke der HIPPER. Danach suchte er seine Unterkunft auf, zurücklassend den Dienst habenden WO. Immer wenn der Wache hatte, dann war der Kommandant ein bisschen unruhig. Sein altgedienter Vertreter auf der Brücke war zwar aufmerksam und erfahren, seine Fähigkeiten lagen jedoch mehr auf dem Gebiet der Geisteswissenschaften. Beruhigend war, dass neben dem WO ja auch noch Unteroffiziere und Mannschaften auf der Brücke Dienst taten. Auf die konnte er sich durchweg verlassen.

Von Zeit zu Zeit presste der WO angespannt den Kieker an die Augen und beobachtete aufmerksam das Geschehen auf dem Wasser. Der Tag neigte sich mehr und mehr dem Ende zu. Plötzlich: Alarm! Der Kommandant raste auf die Brücke. Zustand! Was war geschehen? Der WO empfing seinen Vorgesetzten aufgeregt mit den Worten: „Brennender Tanker am Horizont!" Schnell wurde ein Glas gereicht und in die angegebene Richtung gepeilt. Im Schein der feurig untergehenden Sonne lag deckungsgleich und friedlich eine Ölbohrinsel im Meer, die die anfallenden Gase abfackelte.

Kopfschüttelnd verließ der Kommandant wieder die Brücke, zurücklassend einen etwas betreten blickenden WO und teils schmunzelnde Unteroffiziere und Mannschaften. Sie hatten nicht rasch genug eingreifen können; denn zu übereilt war der Alarm durch den Verantwortlichen ausgelöst worden.

Völlig unbeeindruckt von der ganzen Episode ging die Sonne, wie seit ewiger Zeit, am Horizont unter. Ein letztes flammendes Ausfasern der Strahlen hinter der Ölplattform, dann zeichnete sich die scharfe Linie zwischen Wasser und Himmel ab, um kurz danach in die tropische Nacht überzugehen.

Der Gentleman

Anzug „Erste Geige" saßen wir in den Bussen. Die Fahrzeuge brachten uns über eine großzügig ausgebaute Schnellstraße von La Guaira, dem Liegeplatz unserer Fregatten, nach Caracas. In den vorangegangenen Tagen hatten wir schon die Hauptstadt von Venezuela auf eigene Faust mit dem „Colectivo" (Sammeltaxi) besucht. Nun sollten wir zu einem festlichen Treffen mit den Angehörigen der deutschen Kolonie.

Gleich am Eingang zum Veranstaltungsplatz bekam jeder von uns Gutscheine für kostenlose Getränke und für ein Essen. Nachdem wir drei Kameraden bereits mit einem der ersten Busse eingetroffen waren, blieb uns noch etwas Zeit. Neugierig erkundeten wir erst einmal das weitläufige Gelände. Dabei fiel uns auf, dass sich in der Umzäunung ein Loch befand. Das musste genutzt werden. Mariner nahmen schon immer mit der Seeluft das Talent fürs Organisieren auf. Schnell schlüpften wir durch die Öffnung und stellten uns das zweite Mal am Eingang zum Bon-Empfang an. Unschuldig lächelnd und mit einem herzlichen Dankeschön empfingen wir die Wertmarken noch einmal. Gewissensbisse waren uns dabei vollkommen fremd.

Langsam wurde es Zeit für taktische Überlegungen. Wo war der kürzeste Weg zum Tresen, um unsere Doppelration an Chips einlösen zu können, und wo befanden sich ausreichend hübsche weibliche Wesen? Die Sitzplätze füllten sich plötzlich sehr schnell und wir entschieden uns für einen Tisch mit einem Ehepaar und drei

Teenagern. Wie sich zeigte, waren es die Töchter des Paares mit ihrer Freundin. Weniger erfreut stellten wir fest, dass wir ausgerechnet in der deutschen Kolonie an eine englische Familie geraten waren, die unsere Sprache nicht beherrschte. Sie sprachen entweder englisch oder spanisch, die Freundin der Töchter nur spanisch.

Das Familienoberhaupt entpuppte sich sogleich als perfekter Gentleman. Immer, wenn wir unsere Tischnachbarinnen zum Tanz aufforderten und sie sich erhoben, stand auch er auf und deutete eine kleine Verbeugung an. Das gleiche Zeremoniell vollführte er, wenn wir unsere Damen wieder zurück an den Tisch brachten und – ganz Kavalier – in den Stuhl halfen.

Anfangs amüsierten wir uns über diese formellen Sperenzchen. Nach einer kurzen Vereinbarung begleiteten wir die Damen nach jedem Ringelpiez in Abständen zurück, damit der Familienvorstand nicht so schnell aus der Übung kam. Unverdrossen spielte unser Gentleman das Stehaufmännchen. Dem sollte man doch abhelfen können!

Wir sprachen uns ab, mindestens einer solle stets am Tisch zurückbleiben, und der musste mit dem ehemaligen Untertan der Queen anstoßen. Die Doppelration an Freimarken kam uns dabei sehr zu Hilfe. Durch unsere Machenschaft trank unser Tischgefährte ein Mehrfaches unseres Anteils. Ihm gefielen offensichtlich seine bereitwilligen Trinkbrüder. Schnell zeigten die häufigen „Prost", „Salut" und „Cheerio" ihre Wirkung. Wir wurden seine „very good friends from Germany" und seine Knie zusehends weicher. Das höfliche Aufstehen wurde langsam immer schwerer und nachdem er endlich „borracho" war, ganz eingestellt.

Seine nicht ganz unattraktive Angetraute hatte unser schelmisches Manöver aufmerksam beobachtet, schritt jedoch nicht dagegen ein. Sie kannte ihren „husband“ anscheinend sehr gut und nützte die befristete Freiheit. Von Zeit zu Zeit ging sie mit einem von uns an die Theke. Obwohl sie schon die Sturm- und Drangjahre etwas überschritten hatte, zeigte sie sich dabei sehr entgegenkommend, anschmiegsam und aufgeschlossen. Sprachschwierigkeiten gab es für uns nicht mehr. Mit jedem Glas wurde unser Englisch besser. Die auf der Reise aufgeschnappten Spanischbrocken flochten wir routiniert mit in unsere Satzgestaltungen ein. Charmant und wissend übersah sie, wenn wir mit einer ihrer drei Schutzbefohlenen ins Dunkel der ausgedehnten Anlage eintauchten.

Zurück am Tisch, waren danach die Wangen der Mädchen von einer zarten Röte überzogen. Schuld daran war sicher nicht nur die samtene Luft der Tropennacht über Caracas.

Bei den US-Marines in Parris Island

Wir waren von Südamerika gekommen, hatten die geschichtsträchtige Karibische See durchfahren und dabei die Inseln unter dem Winde und die Inseln über dem Winde mit ihren wunderschönen Palmenstränden passiert. Alles Begriffe, die mit Jugendträumen in Verbindung standen. Dort hatten sie gelebt, jene Piraten, Seeräuber und Flibustier. Dort hatten sie ihr Unwesen getrieben. Dort hatten sie ihr Glück versucht, die bekannten Herren wie Henry Morgan, Lavasseur und die weniger bekannten wie zum Beispiel Michel der Baske. Dort hatten ihre Schiffe die phosphoreszierenden Wellen der Tropennacht durchkreuzt. Dort lagen die Inseln mit den zauberhaften Namen Tortuga, Tobago, Trinidad und so weiter.

Nun lagen wir ganz unromantisch in der Nähe des Ausbildungscamps der US-Marines in South Carolina vor Anker. Das brackige Wasser war die Geburtsstätte für Myriaden von Fliegen. Die drückende, unerträgliche Luft im Deck ließ nur wenige Möglichkeiten zu; entweder mit wenig Fliegen fürchterlich zu schwitzen oder die Lüfter zu öffnen und von ungezählten, angesaugten winzigen Biestern belästigt zu werden. Schweißtriefend und genervt von der drückenden Temperatur öffneten wir die Ausblasvorrichtungen der Lüftungskanäle. Mit der etwas angenehmeren Luftbewegung im Raum überfielen uns aber sofort wieder die kleinen Plagegeister. Sie waren überall, auch in unserem Essen. Anfängliche, wenig erfolgreiche Abwehrmaßnahmen wurden aufgegeben und es blieb uns nichts anderes übrig, als die schwarzen Punkte einfach als zusätzliches Protein anzusehen.

Zunächst sollten wir die ausgedehnte, ins Meer reichende Landzunge des Ausbildungscamps der „Ledernacken" nicht anlaufen, doch ganz unerwartet machten wir gegen Abend mit unseren Schiffen an der Pier von Parris Island fest. Wie von Zauberhand waren die Fliegen plötzlich verschwunden. In einer US-amerikanischen Militäranlage hat die Luft clean zu sein! Selbst die fliegenden Plagegeister hielten sich an diese Vorgaben.

Nächster Morgen, Landgang! Die tägliche Flaggenparade der Amerikaner war ein umfangreiches militärisches Zeremoniell. Die korrekt zusammengelegte US-Flagge wurde angebracht und feierlich gehisst. Im weit verzweigten Militärgelände befand sich neben den vielen Unterkünften und Übungsbereichen alles für ein stilgerechtes US-amerikanisches Soldatendasein: Schwimmanlagen, Kino, PX, Kasinos, Krankenrevier, Frisör und Ähnliches.

Obwohl wir einen Figaro bei uns am Bord hatten, gingen einige unserer Besatzungsmitglieder zum Haareschneiden an Land. Bekanntlich wird der Prophet im eigenen Lande immer verkannt. Offenbar hatte der US-Haircutter seine Lehre auf einer Schaffarm absolviert, denn alle kamen nach ganz kurzer Zeit zurück und trugen die Einheitsfrisur der örtlichen Marineinfanteristen. Sie zeichnete sich durch gleich lange Haarstoppeln aus, durch die die ungebräunte Kopfhaut leuchtete.

Mit einer kleinen Gruppe strichen wir durch das Camp und sahen neugierig bei der harten Ausbildung der Elitetruppe zu. Alles ging bei den Marines im Laufschritt. Die Kommandos wurden wiederholt, mitgerufen oder mitgesungen. Auf dem Landkampfgelände schoss ein MG mit scharfer Munition über die Köpfe der Soldaten. Die Rekruten krochen eingeschüchtert von den blauen Bohnen ganz flach auf die Erde gedrückt durch den Stacheldraht. Gespannt und neugierig registrierten wir das ganze Geschehen.

Bei all den neuen Eindrücken war es mir nicht aufgefallen, dass ich mir während des Rundganges ein Loch in einem Strumpf eingehandelt hatte. Beim Laufen ging ständig ein kleiner Vollmond an meiner Ferse auf. Durch kichernde Soldatinnen, die uns zufällig folgten, wurde ich darauf aufmerksam. Mit meinem bescheidenen Englisch und der international verständlichen Zeichensprache fragte ich, ob sie mir das Loch stopfen würden. Ihr Verständnis für NATO-Partnerschaft und Nächstenliebe reichte leider nicht für eine solche Gefälligkeit aus. Wir nützten jedoch das anschließende Palaver, um zu fragen, wo man sich nach Dienstschluss sehen könnte. Ohne viel Getue erklärten sie uns den Weg zum „Women's Club" und dass sie dort die Abendstunden verbringen würden.

Nach dem Abendessen auf unserem Schiff verbrachten wir die Zeit bis zu unserer Verabredung im Petty Officer's Club der Marines. Dort ging es inzwischen hoch her. Durch einen Durchbruch hinter der Bar konnte man in die Mannschaftsmesse sehen. Unsere Lords tranken mit den Boys um die Wette. Einen, den sie schon abgefüllt hatten, stellten sie an eine Hausecke. Mehr als fünfzehn Minuten stand er selig lächelnd an der Wand, die Bierdose fest im Griff, ehe ihn einer auf seine Bude brachte. An einem Tisch legten sie den Kopf in den Nacken, rissen den Mund auf und die Amerikaner gossen unter Anfeuerungsrufen das Gebräu aus Blechdosen in die immer bereiten, biererprobten Kehlen. Später behaupteten unsere Jungs, dass sie mehrmals an diesem Abend die US-Crew gewechselt hätten, denn die zeigten schon sehr früh Ausfallerscheinungen. Kein Wunder, dass sie schwächelten, mussten sie doch während des Tages die kräftezehrende Ausbildung über sich ergehen lassen.

Auch bei uns sollte keiner verdursten. Kaum waren die Dosen leer, sorgten die US-Jungs für Nachschub. Alle verstanden sich prima und der Lärmpegel schwoll ständig an. Mit einem Male fing einer der angetrunkenen Marines an, den Kraftprotz zu spielen, dabei rief er in Abständen immer wieder: „I am a fighter!“ Nachdem wir unsere Verabredung einhalten wollten und gehen mussten, folgte er uns, stellte sich vor unsere Gruppe, ließ die Muskeln spielen und rief wiederum: „I am a fighter!“ Die Sache wurde langsam lästig, denn keiner wusste, was der Bursche tatsächlich wollte. Handgreiflich wurde er ansonsten nicht. Mit einem gekonnten Griff landete er plötzlich im nächsten Gebüsch. Aus dem Fighter war plötzlich ein Starfighter geworden. War er doch kurz geflogen und, nachdem es derweilen dunkel war, konnte sich gleich die Sterne ansehen. Als er danach wie-

der aufstand, führte ihn sein etwas unsicherer Gang wortlos erneut in Richtung Tränke.

Den Nimbus, der diese Truppe umgibt, sahen wir unversehens mit anderen Augen. Es waren durchweg nette Burschen, oftmals etwas naiv-unkritisch und begeistert von ihrer Aufgabe. Menschen, die man formen und – wenn es nötig ist – für seine Zwecke wie ein gut funktionierendes Gerät einsetzen kann.

Unsere Damen hatten sich tatsächlich schon im Klub eingefunden. Unter viel Gelächter musste ich sogleich meine frischen Strümpfe vorzeigen. Danach wurde die Völkerfreundschaft intensiviert. Beim Schwof kam man sich rasch näher und selbst die Verständigung klappte ohne größere Schwierigkeiten. Auf einmal ging die Tür auf und Offiziere von unseren Schiffen betraten den Klub in Zivil. Für sie bestand, im Gegensatz zu uns und den amerikanischen Anwesenden, kein Uniformzwang. Wir machten unseren Begleiterinnen klar, dass sich die Herren sicherlich mit ihrer Kleidung aus der Masse des gemeinen Fußvolkes hervorheben möchten. Umgehend verbreitete sich diese Bemerkung unter den anwesenden Soldatinnen des Marine Corps und von diesem Moment an bekamen die Herren bei den Damen kein „Bein mehr an Deck". Bei jeder Aufforderung zum Tanz erteilten die Ladys den „Zivilisten" einen Korb, während wir im typischen Marinefanggriff unsere Uniformträgerinnen hingebungsvoll über die Tanzfläche führten.

Frustriert verließen die Verschmähten schon nach wenigen Getränken wieder den Ort ihres Misserfolges. Sicher machten sie sich anschließend Gedanken, warum sie, im Gegensatz zu uns, von der Damenwelt so abweisend behandelt wurden. Möglicherweise ist ihnen sogar ein Licht aufgegangen.

Der Überhauptnichtpendler

Manche Menschen behaupten, Mariner hätten eines mit einer Standuhr gemeinsam, sie pendeln. Sie pendeln von einer Schönen zur anderen. Gegen ein solches Image – ob richtig oder falsch – wird natürlich bewusst nichts unternommen.

Es soll aber auch welche geben, die pendeln überhaupt nicht. Ein solcher war auf unserem Schiff. Noch nicht einmal seine Hände hatte er jemals über den Körper einer Frau auf „Große Fahrt" geschickt. Mit anderen Worten, obwohl er evangelisch war, bekämpfte er die vom Papst sowieso verbotene Wollust immer erfolgreich. Alle guten Ratschläge und Aufmunterungen der lieben Kameraden nützten nichts. Selbst die Zusicherung, dass es beim ersten Mal nicht wehtut, reichten nicht aus, dass er seine männliche Unschuld auf dem Thron der Liebe opferte. Bis zu diesem Ereignis.

5. Februar 1962, wir verabschiedeten uns von Kiel zur 19. AAR, einundzwanzigtausendfünfhundertneunundsiebzig Seemeilen lagen vor uns bis zum Wiederfestmachen an der gleichen Stelle. Wir waren auf dem Weg zu einer Reise rund um Südamerika.

Auf dem Tejo ging die Fahrt vorbei am Turm von Belem und am Denkmal Heinrichs des Seefahrers (1394 – 1460), der übrigens die Strapazen der Entdeckungen lieber anderen überließ und nur im Geiste an den gefährlichen Reisen teilnahm. Als letzter europäischer Hafen wurde Lissabon angelaufen. Wer wachfrei hatte, ging an Land, um die Stadt zu besichtigen, in der der melancholische Fado, die traditionelle portugiesische Musik über die Trauer am Verlorenen, zelebriert wird. Manche kannten die Stadt schon von früheren Fahrten und wussten die richtigen Kontaktkneipen. Einer, der vor seiner Militärzeit bei der Handelsmarine sein Brot verdiente, kannte sich besonders gut in der Stadt aus. Er und ein Kamerad steuerten schnurstracks ein bestimmtes Etablissement an, im Schlepp ihren Macker, den „Überhauptnichtpendler". Schon kurz danach wurde ausgiebig den schweren portugiesischen Weinen zugesprochen. Die Blicke und die Animationen der anwesenden Damen ließen keinen Zweifel aufkommen, dass sie, für einen gewissen Obolus, zu allem bereit waren. Die Räumlichkeiten für die Entspannungsübungen grenzten gleich an den Schankraum.

Nach einiger Zeit verschwand der Kumpan mit der Handelsschifferfahrung kurzfristig mit einer der Schönen in ihr Gemach. Der andere hatte sich auf einem Barhocker am Tresen festgeklemmt und führte mit Händen

und Füßen ein angeregtes Gespräch mit einer der Damen des Hauses. Im Gegensatz zu seiner sonstigen Meinung, „lieber dick drinnen als groß draußen", betätigte er sich an diesem Tag, dank des vorzüglichen Weines, nur als großer Erzähler, ohne die Landessprache je erlernt zu haben. Verständigungsprobleme kennt man an einem Tresen erfahrungsgemäß nicht.

Unser Unschuldslamm brütete derweilen alleine am Tisch vor sich hin und guckte unsicher und etwas verlegen aus der Wäsche. Plötzlich ging die Tür auf und einige Besatzungsmitglieder der HIPPER betraten den Gastraum. Sofort fiel ihnen der einsame Weinglasbetrachter in Uniform auf. „Sie hier!?" Am liebsten hätte er sich in Luft aufgelöst und die ersten Schweißperlen zeigten sich auf seiner Stirn. Zum Glück verließen sie wieder den Raum und er konnte ungestört seinen Gedanken nachhängen.

Dann spielte sich alles sehr schnell ab. Sein Begleiter kam aus der Seitentür, hakte ihn unter und ehe er sich von seiner Verblüffung erholte oder Protest einlegen konnte, wurde er durch einen kurzen Gang und anschließend durch eine Tür geschoben. Unverhofft stand er einem Bett mit einer einladend lächelnden Liebesdienerin gegenüber. Die Tür schlug zu, ein Rückzug war schlecht möglich und hätte ihm der Lächerlichkeit preisgegeben. Betreten und nervös blickte er um sich. Dabei machte sich eine gewisse Tragödie im Verdauungstrakt mit einem Mal bei ihm bemerkbar. Dann nahm ihm jedoch die kundige Maid barmherzig, schon vorher um die Aufstiegsprämie bereichert, sämtliche Entscheidungen für die nächsten Handlungen ab. Der jugendliche Körper forderte sein Recht und überwand dabei auch die drohende Katastrophe im Darmbereich.

Im Gästeraum warteten unterdessen die feixenden

Kameraden und stießen an der Theke ausgiebig auf die verlorene Unschuld ihres Opfers an. Warum sollten einem Kameraden die Wonnen der Liebe länger als unbedingt nötig versagt bleiben? Nach der erfolgreichen Körperertüchtigung in der Waagerechten und der fast sichtbaren Absenkung des Hormonspiegels tauchte der Überrumpelte etwas zerzaust und mit glühenden Wangen wieder auf. Unter kameradschaftlichem Schulterklopfen musste er sich auf dem Heimweg noch manche Frotzelei anhören.

Nicht umsonst war der Slogan der Marine „Mehr erleben, das Meer erleben". Hier waren es allerdings die erfahrenen Umarmungen und die fachkundigen Bemühungen einer südländischen Schönheit, die er erleben durfte.

Begegnungen

27. März 1962, die Schiffe waren, von Montevideo kommend, auf dem Weg nach Ushuaia, der angeblich südlichsten Stadt der Welt. War das so richtig? Streiten sich doch zwei Städte um diese Bezeichnung. Ushuaia, zu Argentinien gehörend, liegt deutlich südlicher. Die Bewohner der nördlicheren chilenischen Stadt Punta Arenas behaupten aber, dass Ushuaia mit damals rund dreitausend Einwohnern nur ein Nest sei und sie somit in der südlichsten Stadt der Welt lebten. Diese Ansicht bestand nicht ganz zu Unrecht, denn der argentinische Ort, 1868 als protestantische Missionsstation gegründet, übte bis 1954 am „Ende der Welt" in der Hauptsache die Funktion einer Sträflingskolonie aus. Richtig ist jedoch, dass das kleine chilenische Städtchen Puerto Williams die südlichste Stadt der Welt ist.

Gleich im Beagle-Kanal, der engen Zufahrt nach Ushuaia, kam es zu einer nicht alltäglichen Begegnung. Wir standen auf dem Hüttendeck zur Musterung, als unerwartet das ganze Schiff einen Ruck machte und leicht angehoben wurde. Alle guckten verwirrt. Was war das? Wir blickten nach achtern und kurz danach tauchte im Heckwasser der gewaltige Rücken eines Wals auf. Der Meeressäuger konnte anscheinend im engen Fahrwasser nicht mehr ausweichen und musste das für ihn sicherlich unangenehme Zusammentreffen mit dem Schiffskörper über sich ergehen lassen.

Ushuaia, mit der richtigen Kameraeinstellung hätte man damals in dem Nest eine Dorfszene für einen Wildwest-Film drehen können. Unbefestigte Straßen, viele Holzhäuser und selbst Holzgehsteige fielen ins Auge. Der größte und auffälligste Komplex aus Stein war das frühere Gefängnis. Schneereste und Matsch in der Siedlung vervollständigten den etwas trostlosen Anblick. Auf der Südhalbkugel sind bekanntlich die Jahreszeiten unseren in Europa entgegengesetzt. Heute wird Ushuaia von den Kreuzfahrtschiffen angelaufen, was sicher zu einer erheblichen Belebung der Stadt geführt hat. Mittlerweile hat die Stadt etwa elftausend Einwohner.

Unsere Amateurbordkapelle hatte ihren großen Auftritt in der einzigen Rundfunkanstalt des Ortes, die zusätzlich, während unseres Daseins, immer wieder deutsche Lieder spielte. Kein Wunder, war doch das letzte deutsche Schiff vor vierzig Jahren in der kleinen Hafenstadt eingelaufen und die Deutschfreundlichkeit der Argentinier ist allgemein bekannt.

Am Einlauftag ging ich mit Kameraden an Land, um in einer der Kneipen, richtige Lokale oder gar Restaurants gab es damals nicht, ein Bier zu trinken. In der Holzhütte war es angenehm, denn ein kleiner Gussofen sorgte für wohlige Wärme. Ganz unerwartet sprach uns eine etwas fragwürdige Gestalt auf Deutsch an und stellte sich als Pagels vor. Er erzählte uns, dass sein Vater, den er schon viele Jahre nicht mehr gesehen hatte und der, so seine Aussage, in Punta Arenas lebte, im Ersten Weltkrieg den deutschen Kreuzer DRESDEN vor den englischen Verfolgern versteckt hätte. Wir wussten von dem Geschehen nichts und hielten den Erzähler für einen Wirrkopf, zumal er vermutlich auch nicht mehr ganz nüchtern war. Bevor wir gingen, trug er uns noch auf, dass wir seinen Vater in unserem nächsten Hafen, wenn wir ihm begegnen, von ihm grüßen sollten. Aus seinem Gerede schlossen wir, dass er keinen Kontakt zu seinem Erzeuger pflegte.

Argentinien lag hinter uns. Die Spanier erhofften sich einst unendlichen Reichtum und benannten das Land nach dem lateinischen Wort Argentum (Silberland), daher der Name des zweitgrößten Landes in Südamerika.

Wir fuhren nun durch die fünfhundertfünfundachtzig Kilometer lange, faszinierende und atemberaubende Magellanstraße (Estrecho de Magellanes). An der Bb-Seite Feuerland, die Entdecker sahen an den Ufern die vielen Feuer der Urbewohner und hatten das Land deshalb „Terra del Fuego" genannt, an der Stb-Seite das Festland. Die verrufene sturm- und nebelreiche Verbindung zwischen Atlantik und Pazifik zeigte sich von ihrer schönsten Seite. Traumhaftes Wetter, majestätische Berge und riesige Gletscher machten die Fahrt in der drei bis dreißig Kilometer breiten Seestraße zum Erlebnis. Zu beiden Seiten glitt das Ufer entlang, kam näher, um sich bald wieder weiter zurückzuziehen.

Die Fahrt war so gemächlich, dass nur ein Kessel für die Dampferzeugung benötigt wurde. Plötzlich, ausgerechnet an einer Engstelle, fiel der Kessel wegen einer kurzzeitigen Störung aus. Das Schiff begann zu triften und die gefährlichen Felsen kamen langsam näher. Zum Glück war der zweite Kessel vorgewärmt. Routiniert wurde er in Betrieb genommen und unser Dampfer kam wieder in Fahrt.

Der Hafen Punta Arenas stand ursprünglich nicht auf dem Programm unserer Schiffe. Auf Anregung des deutschen Konsuls und chilenischer Dienststellen hatte man jedoch noch zwei Tage für die Stadt in der Provinz Magallanes anberaumt. Eine Militärkapelle begrüßte uns beim Einlaufen mit gekonnten deutschen Märschen.

Einladungen der deutschen Kolonie und offizielle Empfänge ließen uns wenig Zeit für die Stadt. Auch ich wurde für eine solche Geselligkeit abgeteilt. „Smalltalk", jeder redete mit jedem, das Glas in der Hand. Man stand sich, wie bei solchen Empfängen üblich, die Beine in den Bauch, bekam Kreuzschmerzen und tauschte dabei belanglose Höflichkeiten aus. Unter den Besuchern wurde ein älterer Herr auffällig hofiert. Schnell sprach es sich unter uns herum, das war Albert Pagels, der Mann, der den kleinen Kreuzer DRESDEN 1914/15 als ortskundiger Lotse in den Gewässern vor Punta Arenas versteckt hatte. Tatsächlich! Es gab ihn also doch. Als er einmal weniger belagert wurde, ging ich auf ihn zu, stellte mich vor und fragte, ob ein Sohn von ihm in Ushuaia lebt. Es war so und ich überbrachte die aufgetragenen Grüße. Er bedankte sich bei mir höflich, aber ohne viel Begeisterung für das Lebenszeichen seines Sohnes. Anscheinend gab es Unstimmigkeiten zwischen Vater und Filius. Den Grund erfuhr ich natürlich nicht. Schon nach kurzer Zeit wurde mir der Herr von anderen Besuchern wieder abspenstig gemacht. Gerne hätte ich mich noch länger mit ihm unterhalten.

Anmerkung: 1996 besuchten wir „alten" HIPPER-Fahrer, während des Jahrestreffens, das „Wehrgeschichtliche Ausbildungszentrum" der Marineschule Mürwik bei Flensburg. Herr Kpt z.S. a.D. Dr. Paul Heinsius, Mitglied unserer Bordkameradschaft, der sehr früh maßgeblich dazu beigetragen hatte, dass das Marinemuseum entstehen konnte, führte uns mit vielen wissenswerten Erklärungen durch die Räume. Welch eine Überraschung, an der Wand sah ich ein Bild mit dem Porträt meiner Begegnung in Punta Arenas vor mehr als dreißig Jahren. Darunter stand: Lotse Albert Pagels hat von Dezember 1914 bis zum 14. März 1915 den kleinen Kreuzer SMS DRESDEN in den verzweigten Kanälen von Feuerland vor den Engländern verbergen können. Englischen Agenten soll er, als man den Ankerplatz von SMS DRES-

DEN von ihm wissen wollte, geantwortet haben: „Sagen Sie Ihrem König, dass ganz England nicht so viel Geld hat, um einen Albert Pagels zu kaufen.“

Eine wurmige Angelegenheit

Mit jeder Umdrehung trieben uns die Schiffsschrauben an der Westküste Südamerikas in Richtung Norden und mit jedem neuen Tag nahm die Temperatur langsam wieder zu. Nachdem der Zeitplan es zuließ, liefen die Schiffe zwischendurch in eine der unzähligen, einsamen Buchten Chiles. Menschenleer erschien uns das nahe Land. Doch kaum waren die Anker gefallen, belebte sich das Ufer und kleine Boote näherten sich unseren Schiffen. In diese abgeschiedene Gegend verirrte sich nur selten ein Arzt. So war es für die Bewohner – in der Regel Indianer – eine der wenigen Gelegenheiten, wenn ein Kriegsschiff mit Arzt einlief, dass sie sich richtig behandeln lassen konnten. Von unserer Seite half man, wo man konnte. Unser Stabsarzt, ein Zahnarzt, machte mit seinen Sanis Überstunden. Die Bezahlung waren ein „Muchas gracias", ein dankbares Lächeln oder Naturalien. Geld hatten die Bewohner in diesem gottverlassenen Gebiet keines. Am Oberdeck saßen, zwischen Körben mit Eiern, Fischen und den unterschiedlichsten Früchten, ganze Familien, vom zahnlosen Opa bis zum Urenkel. Zwischendurch wurde es ganz lustig, wenn ein Huhn oder ein kleines Schwein entwischte und die Flüchtlinge unter viel Gelächter wieder eingefangen wurden. Nur der Schmadding bekam seine Krise, denn die Hinterlassenschaften der Kochtopfaspiranten verunzierten das Deck.

Was wir nicht bekamen, waren Kartoffeln und dabei konnte der Wind schon ungehindert durch die Lüftungsschlitze des Kartoffelschapps blasen.

Der nächste Hafen für uns war Valparaiso in der Nähe der chilenischen Hauptstadt Santiago. Für die zweihundertdreißig Mann starke Besatzung kamen endlich die ersehnten Knollen an Bord. Was am Anfang keiner bemerkte, die Kartoffeln hatten ein bewegliches Innenleben. Doch trotz des Wurmbefalles mussten die Kartoffeln verbraucht werde. Beim morgendlichen Kartoffelschälen machten sich einige Backschafter den Spaß und trugen statt der üblichen Kakerlakenrennen nun Wurmrennen aus. Der Besitzer des schnellsten Wurmes bekam von den Verlierern jeweils eine Dose Bier. Man konnte also auch dieser Misere noch etwas Gutes abgewinnen. Die Kartoffelesser aus Leidenschaft mochten nur anfangs auf ihre Erdäpfel verzichten. Danach überwanden sie ihren Ekel und trösteten sich damit, dass viele Vogelarten auch von Würmern leben.

Wegen der lebenden Proteinbeigabe nahm der Knollenberg auf der Reise nur sehr zögerlich ab. Endlich, drei Tage nach Passieren der letzten Karibik-Insel, befanden sich mehr Würmer als Kartoffeln im Vorratsbehälter. Die süddeutschen Lords waren damit ganz zufrieden, denn nun gab es jeden Tag Nudeln satt. Den Kameraden aus dem Norden Deutschlands gefiel das überhaupt nicht und ein Aufstand wegen der geringen Kartoffelzuteilung konnte gerade noch abgewendet werden.

Der bedrohliche Zustand auf dem Schiff kam, anlässlich einer Einladung in Ponta Delgada auf den Azoren, einigen Gastgebern zu Ohren. Sie spendeten daraufhin einen Sack mit wurmfreien Kartoffeln. Diese waren allerdings nur für den erlauchten Kreis der Offiziere bestimmt. Heizer bekamen den Befehl, den Sack an Bord zu bringen und ihn sicher zu verstauen. Das taten sie auch. Aus unerklärlichen Gründen war er allerdings anschließend nicht mehr auffindbar. Komischerweise roch es danach an manchen Abenden auffällig stark nach Bratskartoffeln (mit s) im Heizerdeck.

Das Bierfass von Limasche

12. April 1962, unsere Schiffe lagen an der Pier des chilenischen Hafens Valparaiso. Ein Teil der Freiwache wurde zu einer riesigen Party der Deutsch-Chilenen abgeteilt und ab ging es mit dem Zug nach Limasche, dem Ort der Veranstaltung.

An Spießen schmorten schon ganze Hammel mit gespreizten Beinen. Der Geruch des gebratenen Fleisches ließ das Wasser im Munde zusammenlaufen. Man hatte das landestypische „Asado“ rechtzeitig vorbereitet und gleich nach dem ersten Begrüßungstrunk konnte mit dem Essen begonnen werden. Der Nachmittag wurde immer gemütlicher.

Einer der Heizer, der Gefreite Luck, kümmerte sich etwas mehr als üblich um sein leibliches Wohl, er hatte sich ganz unauffällig ein volles Fass Bier organisiert. Viel zu schnell verging die Zeit. Trotz der Mithilfe zweier trinkfreudiger Kameraden stand der Pegel im Fass immer noch sehr hoch. Das Kommando „Ende der Veranstaltung, abrücken zum Bahnhof und zurück nach Valparaiso!“ kam viel zu früh. Kurzerhand wurde beschlossen: „Das Fass nehmen wir mit!“ Gesagt – getan. Aber wie?

Auf einem offenen Pritschenwagen, auf dem schon einige Besatzungsmitglieder unterwegs zum Bahnhof waren, wurde das Fass aufgeladen. Gut abgeschirmt von einigen Verbündeten landete es schließlich im Zug. Mitten zwischen schmunzelnd zuschauenden Einheimischen machte man sich mit Hilfe einer ebenfalls organisierten Handpumpe wieder über den Fassinhalt her. Eine Cinzanoflasche musste, mangels Bierglas, als Zwischenträger vom Fass zu den durstigen Kehlen dienen. Vom Bahnhof aus ging es zurück zur HIPPER. Beim Überqueren einer größeren Kreuzung, ein Verkehrspolizist regelte den Straßenverkehr, wurde auf seiner Verkehrsinsel ein weiteres Mal eine kleine Trinkpause eingelegt, wonach der Polizist extra den Verkehr stoppte, damit die Lords und ihr voluminöses Mitbringsel unbeschadet über die Kreuzung gelangen konnten. Am Liegeplatz der Fregatte brachte man das Fass mit viel Geschick und unauffällig über die Stelling ins Heizerdeck. Leider war es in der Zwischenzeit leer.

Nächster Morgen, hier soll der Frevler selbst erzählen: „Als ich das leere Fass auf der Back sah, schwante mir Schlimmes. Kurze Zeit später wurde ich dann auch prompt zum Kommandanten gerufen. Zu der Zeit war ich Vertrauensmann der Heizer und mein Disziplinarvorgesetzter war der Kommandant persönlich. ‚Luck', begrüßte er mich mit grollender Stimme, als ich seine Kajüte betrat, ‚was haben Sie denn wieder angerichtet! Eigentlich müsste ich Sie unverzüglich nach Hause schicken. Bedanken Sie sich bei den chilenischen Offizieren, die riefen mich heute Morgen an und sagten, was für tolle Kerle die deutschen Mariner doch seien. Auch die Zeitungen haben das Ganze bereits wohlwollend gebracht. Ich kann Sie jetzt unmöglich bestrafen. Hauen Sie ab! Aber bringen Sie um Gottes willen das Fass zurück, denn der Wirt hat ebenfalls schon angerufen.'

Puh! Auf dem Absatz kehrt und nichts wie raus. Was dann kam, ähnelte einem Spießrutenlaufen. Mein Kamerad Ekki und ich, jetzt stocknüchtern, trabten in Ausgehuniform mit dem leeren Bierfass zum Bahnhof und fuhren nach Limasche. Wir wurden bestaunt wie das achte Weltwunder. Wo gibt es schon Mariner mit einem Bierfass unter den Armen? Endlich angekommen, rollten wir das Fass mit Fußtritten, unter lautem Getöse und begleitet von johlenden Kindern, zum Festwirt zurück. Was würde der jetzt sagen? Zu unserem Erstaunen wurden wir begeistert empfangen und gleich für den ganzen Tag eingeladen. Der Wirt war glücklich, sein Fass wieder zu haben, und versicherte uns, nicht der Inhalt, sondern das Fass sei in Chile das Wertvolle. Kurz und gut, wir verbrachten einen wundervollen Tag und wurden am Abend von unseren Gastgebern mit dem Auto an Bord zurückgebracht."

Der Versprecher

Wenn ein Besatzungsmitglied zum Wachwechsel auf die Brücke kommt oder geht, dann meldet er sich an beziehungsweise ab. Das gleiche Zeremoniell erfolgt auch auf allen anderweitigen Stationen eines Schiffes und hat unter anderem den Sinn, dass der jeweilige Vorgesetzte über die Anwesenheit der Personen in seinem Abschnitt informiert ist. Eine solche Meldung kann zum Beispiel so aussehen: „Gefreiter Trinkfest, melde mich auf (oder von) der Brücke."

Die vier Stunden Wache während der Nacht auf der Brücke waren ausgedehnt und strapaziös gewesen. Hundemüde hatte einer der Lords nur noch das Deck

mit seiner kuscheligen Koje im Sinn. Nun stand der lange ersehnte Wachwechsel an. Bekanntlich sind immer die letzten Minuten die längsten. Endlich nahm seine Ablösung den Platz ein. Mit der Meldung „Gefreiter XY, melde mich von Bord“ wollte er die Brücke verlassen. Da rief ihn der zufällig anwesende Kommandant zurück: „Halt, nehmen Sie eine Schwimmweste mit!“

Jeder schmunzelte über den Versprecher und sah vor dem geistigen Auge, wie der Kamerad auf einmal über Bord sprang. Plötzlich waren alle wieder munter, und der Kommandant hatte durch seine Bemerkung lauter feixende Gesichter um sich.

Bordpfarrer

Auf den mehrmonatigen Reisen unserer Schulschiffe waren neben der üblichen Stammbesatzung und den Offiziersanwärtern auch ein Schneider, ein Frisör, oft ein Meteorologe und immer ein Geistlicher an Bord. Auf einem Schiff tat ein evangelischer Pfarrer und auf dem anderen ein katholischer Priester seinen Dienst. Während der Reise tauschten die beiden die Schiffe, sodass jede Besatzung einmal in den „Genuss" des jeweiligen Konfessionspfarrers kam. Der Austausch erfolgte zwischendurch auch bei einem der High-Line-Manöver. Dabei fuhren die Schiffe gleichlaufend nebeneinander. Eine Leine wurde zum nächsten Schiff geschossen und danach mit ihr ein Trage- und ein Ziehseil nachgezogen. Mit dieser Vorrichtung konnte man während der Fahrt Personen von einem Schiff zum anderen befördern. Wichtig waren solche Manöver, wenn Verletzte oder Kranke zum Arzt des anderen Schiffes mussten. Komisch, dabei tauchte nie einer der Patienten in die wild aufschäumenden Wellen zwischen den Schiffen. War dagegen einer der Gottesmänner in der Beförderungshose, dann gab die Trageleine immer so viel nach, dass ein Eintauchen ins Meer unumgänglich war.

Damit die Repräsentanten Gottes nicht nur als Badegäste unsere Schiffe beglückten, hielten sie neben den sonntäglichen Gottesdiensten auch „lebenskundlichen Unterricht" ab. Diesen eigenartigen Begriff hatte man sich bei der Bundeswehr einfallen lassen, damit alle Glaubensrichtungen am Unterricht der konfessionsgebundenen Himmelslotsen teilnehmen konnten. Natürlich waren sie auch die berufenen Ansprechpartner, wenn einer einmal Sorgen hatte.

Gelegentlich durchstreiften die Herren das Schiff und kamen dabei auch in die Kesselräume. Die für sie unbekannte Geräuschkulisse der fauchenden Ölbrenner, das Rauschen des voluminösen Lüfters, der Luftdruck in den Ohren, das Stampfen, Zischen und Singen der Kolben- und Kreiselpumpen ließen ein gewisses Unbehagen in den Gesichtern der Pfarrer erkennen. Meist versuchten wir unseren Gast so abzulenken, dass er mit dem Rücken zum Kessel stand. Auf ein unsichtbares Zeichen des Fahrmaates zog einer der Heizer die Durchblasevorrichtung für die Wasserstandsgläser. Ein Geräusch, als ob der Kessel plötzlich in die Luft fliegen würde, ließ unseren Besucher zur Seite springen. Reichte das noch nicht, dann wurde die Verbrennungsluft so gedrosselt, dass das Ungetüm von Kessel mit heftigem Schütteln auf die zu geringe Luftmenge reagierte. Unser Gottesmann glaubte sich spätestens zu diesem Zeitpunkt in sein direktes Konkurrenzunternehmen, die Hölle, versetzt. Wir unterstützten den gebauten „Türken“ noch durch „ratloses“ Umherlaufen und mit „betroffenen“ Gesichtern. Erstaunlich, wie einige schauspielern konnten! Meist hat-

ten es unsere gottesfürchtigen Kameraden mit dem Kreuz auf den Ärmeln plötzlich sehr eilig, den Ort der unheimlichen Vorgänge zu verlassen.

Einiges auszustehen hatten jene Gottesdiener, die das erste Mal über die Linie fuhren. Sie waren die auserkorenen Opfer der Knechte Neptuns bei der Äquatortaufe. Mancher mag im Windsack oder im Taufbecken seinen obersten Dienstherrn im Himmel um Hilfe angerufen haben, wenn die einstürzenden Wassermassen das Atmen unmöglich machten und die Trabanten den Betroffenen nicht mehr aus den Fängen ließen.

Auf einer Reise glaubte einer dieser Herren, dass er uns jeden Morgen auf See mit erbaulichen Worten erfreuen könnte. Immer zur gleichen Zeit verließ er gemessenen Schrittes sein Schapp, in dem er, von den Wellen eingelullt, ausgiebig schlafend die Nacht verbracht hatte. An der nächstmöglichen Sprechstelle griff er danach zum Mikrofon. Seine salbungsvollen Worte drangen über die Lautsprecheranlage in jeden Raum des Schiffes. Keiner konnte sich dieser Berieselung entziehen. Auch die nicht, die in der zurückliegenden Nacht die Hundewache schieben mussten, wenig Schlaf dadurch fanden und fast alles ertragen konnten, nur keine pastoralen Ergüsse. Wenig zart besaitet meinte einer der Unausgeschlafenen eines Tages: „Wenn der Himmelskomiker morgen wieder palavert, dann halte ich dagegen." Am nächsten Tag stand er rechtzeitig an einem der Mikrofone. Kaum drangen die ersten Hirtenworte aus den Lautsprechern, schaltete er sich von einer Nebenstelle zu: „Halt's Maul, wir brauchen am Morgen unsere Ruhe!" Natürlich wurde der Lästerer gesucht – aber nicht gefunden. Man hatte den Eindruck, dass die Vorgesetzten die Suchaktion nur halbherzig unterstützten. Die feierlichen Frühreden wurden von da ab immer weniger und kurz danach, nachdem noch einmal einer über die Ansprache in das Mikrofon gelacht hatte, ganz eingestellt.

Auf einer Reise rund um Südamerika konnte ein Teil der Besatzung in Peru ein Ausgrabungsfeld aus der Zeit der Ureinwohner besichtigen. Die Fläche war übersät mit Gebeinen und Gegenständen der Ureinwohner. Obwohl es verboten war, solche Überbleibsel an sich zu nehmen, hatte einer der Lords einen der vielen Totenschädel organisiert und mit an Bord gebracht. Was tun mit dieser „Trophäe"?

Wenige Tage später ging der Pfarrer auf seine Kammer. Erschrocken fuhr er zurück. Auf dem Kopfkissen seiner Koje lag der Totenkopf des vor Urzeiten verstorbenen Indianers und grinste ihn an.

Immer vor Ostern wurde der katholische Geistliche auf unserem Schiff besonders aktiv. War es doch die Zeit, in der die Sünder, von Reuegefühl überwältigt, wenigstens einmal im Jahr zur Beichte gehen sollten. Geduldig drehte der Hirte seine Runden durch die Decks, um seine Schäfchen auf dieses althergebrachte Reglement auf-

merksam zu machen. Sehr erfolgreich war er sicherlich nie, denn unsere „Sünden“ waren meistens so schön und liebenswert, dass wir hofften, sie im nächsten Hafen gleich wieder begehen zu können. Ohne rechtes Reuegefühl ist natürlich auch jede Beichte wertlos. Die Reue, die von den meisten empfunden wurde, war die, dass man versäumt hatte, noch ausgiebiger zu sündigen. Schon immer waren für einen Seemann die schwersten Sünden die „Unterlassungssünden“.

Übrigens

Zu den Totenschädeln gibt es noch eine kleine lustige beziehungsweise groteske Geschichte. Wie in jedem Hafen, so auch im peruanischen Hafen Callao wurden die Besatzungsmitglieder zu bestimmten Einladungen abgeordnet. Für einige hatte man die in der vorherigen Geschichte schon erwähnten Ausgrabungsfelder der indianischen Ureinwohner vorgesehen.

Zu sehen waren verfallene Bauten und gleich daneben große Grabfelder. Der Wind hatte den Sand erst über und danach von den Toten geblasen. In Verbindung mit der unbarmherzigen Sonne waren die Überreste der Menschen teilweise recht gut erhalten. An den Schädeln befanden sich noch Haarbüschel, an den restlichen Knochen mumifiziertes Fleisch und Stoffreste. Der ganze Ort mutete irgendwie makaber an.

Ein freudiger Aufschrei unseres Schiffsarztes ließ uns aufhorchen. Da lagen sie in Massen, die lange ersehnten Objekte seiner Begierde. Er suchte schon über geraume Zeit einen Schädel für seinen

Schreibtisch. Heimlich verschwand ein weiterer Totenkopf aus der Knochenansammlung. Der Schädel hatte nur einen Fehler, er war noch nicht bleich genug. Der Arzt ließ ihn an einer unauffälligen Stelle am Mast anbringen und hoffte, dass die Sonne, in Verbindung mit der Salzluft, schnell für die erhoffte Aufhellung sorgen würde.

Nach Panama und der Fahrt durch den Kanal war der nächste Hafen San Juan auf Puerto-Rico. Der Doktor bedachte nicht, dass unser stolzes Schiff wieder einmal zum Einlaufen „landfein" gemacht wurde. Wegen der Heizerflöhe (Ruß) und der Optik war der Mast schwarz gestrichen. Jetzt sollte er wieder neu gepönt werden. Das war die Aufgabe der Funker, denn wegen der Antennen und deren Sendeleistung trauten sich die anderen nicht hoch. Sie hatten Angst, dass ihre Goldplomben ab einer gewissen Masthöhe das Vibrieren anfingen. Mit viel Liebe und Feingefühl widmete man sich der Malerei. Dabei übersah man selbstverständlich auch das Relikt aus längst vergangenen Tagen nicht. Danach hing noch eine Zeit lang ein schwarzer Schädel im Mast.

Einige Lords behaupteten anschließend steif und fest, dass sie gesehen hätten, wie unser Doc in den nächsten Tagen mit Tränen in den Augen am Mast hochguckte.

Neptun zu Besuch

Die HIPPER war wieder, wie schon in der ersten Jahreshälfte, auf dem Weg Richtung südliche Halbkugel. Seit Tagen herrschte während der Freiwache in einigen Decks Hochbetrieb. Hanfperücken und Kokosnussbrüste wurden aufgearbeitet beziehungsweise angepasst. Seltsame Kostüme hingen in der Schneiderei. Über die Bordsprechanlage kamen täglich die neuesten Berichte aus dem Unterwasserkristallpalast. Wir „Alten", die schon mehrfach die Linie gekreuzt hatten, freuten uns, wenn sich abermals einer der Bordneulinge unschön über Neptun, seinen Anhang und die Äquatortaufe geäußert hatte.

Der Sprecher aus dem Palast des Gottes der Meere berichtete:

„Meine Herren, Sie sind schief gewickelt. Ihnen wird der Arsch aufgerissen, dass Ihre Verwandten Sie nicht mehr wieder erkennen, denn eines müssen Sie sich merken, wenn ein solches Lumpenpack seine Majestät Neptun samt seiner holden Jungfrau beleidigt und in den Schmutz zieht, dann werden bei der Taufe die Hautfetzen fliegen. Die Tauffeierlichkeiten haben noch nicht begonnen und wahrlich, ich sage euch: Eher wird bei der Bundesmarine die Bordzulage erhöht, als dass einer von euch Rotznasen gesund das Taufbecken verlässt."

„Außerdem entging uns nicht, dass der Bordmeteorologe folgendes ungereimtes Zeug von sich gab: Bei dem Taufakt werde ich Regenschauer niedergehen lassen. Diesem anmaßenden Popanz sei Folgendes gesagt:

Wenn er erst einmal in unsere Finger gerät, wird er vor lauter Wasser keine Zeit mehr fürs Wetter haben, denn mit vollem Mund spricht man nicht. Er wird hiermit zum verschärften Sonderfall erklärt."

„Viel Mut scheinen die Heizer der 3. Wache zu besitzen, denn sie äußerten, dass sie bei der Taufe feststellen werden, ob die liebliche Gattin Neptuns tatsächlich noch Jungfrau ist. Seid ihr von allen guten Wassergeistern verlassen?! Euere Namen sind uns bekannt! Nach der Taufe werdet ihr nur noch als singende Eunuchen im nächsten Harem zu gebrauchen sein! Jeder von euch wird drei Pillen verabreicht bekommen, dann habt ihr berechtigt das schändliche Maul voll."

„Da behauptet doch tatsächlich der Gefreite Vogel: Eben habe ich Neptun auf dem Scheißhaus mit einem Kupferbolzen unter der Nase gesehen. Ich glaube, wenn er im Windsack absäuft, wird er etwas anderes sehen. Er heißt nicht nur Vogel, er hat auch einen. Er wird – nomen est omen – für vogelfrei erklärt."

„Dem Obermaat Schneider scheint die Sonne auf den Kap Verden geschadet zu haben. Dieser lebende Kadaver erzählt im ganzen Schiff, er hätte eine Liebesnacht mit Thetis verbracht und die Matratze danach, wegen der unzähligen Liebesflecken, über Bord geworfen. Dieses Klappergestell von einem Menschen wird vor der lieblichen Jungfrau auf den Knien liegen, ihr Abbitte tun und ihr die Füße küssen. Danach wird er den Trabanten übergeben. Friede seiner Asche! Die Hinterbliebenen werden benachrichtigt."

So und ähnlich waren die regelmäßigen Benachrichtigungen vor dem Passieren der Linie. Die mutigen Täuflinge ließen sich immer wieder Lästereien einfallen, obwohl sie wussten, dass sie bei der Taufe auf keine Gnade hoffen konnten. Oft wurde auch eines der Besatzungsmitglieder verdonnert, ohne dass es damit gerechnet hatte. Ein junger, ungetaufter Offizier wollte wissen, wie ein fliegender Fisch schmeckt, den er am Morgen am Oberdeck aufgesammelt hatte, und brachte ihn zum Zubereiten in die Kombüse. Das wurde gleich als Verbrechen ausgelegt. Einen Boten Neptuns verspeist man nicht ungestraft so kurz vor der Taufe.

Am Vorabend der Taufe stieg Triton aus dem Meer an Bord der Schulfregatte. Beim Abschreiten der Front trug der Admiral in einer auffällig bunten Uniform ein Gedicht vor und überbrachte Neptuns Botschaft: „Wir, Neptun, Herrscher über alle Meere, Seen und Flüsse, Bäche, Tümpel, Bierpfützen und sonstigen Flüssigkeiten, Alleinherrscher über alle Tritonen, Nixen, Seeteufel, Quallen, Fische und Dwarsläufer, Stifter des hohen Ordens vom Dreizack, Helfer und Beschützer aller braven Seeleute, entbiete euch und eurer Besatzung durch unseren obersten Diener unseren geneigten Gruß. Wir heißen das Schiff, Kommandant und Besatzung gnädigst willkommen und werden uns nicht versagen, höchst selbst in Begleitung unserer hohen Gemahlin an Bord zu erscheinen, um nach altem Gesetz und Brauch die Taufe vorzunehmen. Euer wohlaffektionierter Neptun."

Darauf der Kommandant:

„Hab Dank, Exzellenz, für euer Kommen,
wir haben Neptuns Botschaft vernommen
und bitten der Majestät zu berichten,
dass alles wir schon für die Tauffeier richten.
Morgen früh wollen die Linie wir queren
und Neptuns Besuch wird besonders uns ehren."

Der „große Tag" brach an. Am Morgen hoben der Smadding und ein seemännischer Unteroffizier den Äquator mit Bootshaken am Bug des Schiffes aus dem Wasser. Er wurde durchschnitten, zum Heck getragen, wieder zusammengeknüpft und in das Schraubenwasser geworfen. Die HIPPER war auf der südlichen Erdhalbkugel angelangt.

Neben der üblichen Flagge wurde eine Fahne mit einem Dreizack am Mast gefahren. Die Maschinenbesatzung fuhr nur noch mit halber Belegschaft, denn ein Kessel war abgestellt und die Schrauben machten nur noch so viele Umdrehungen, dass das Schiff im Ruder lief. Es wiegte sich in der langen Dünung des Atlantiks und der Mast zeichnete regelmäßige Linien in den wolkenlosen Himmel. Gespannt warteten die Täuflinge auf die nächsten Stunden. Einige zeigten freche, herausfordernde Mienen. Andere Blicke waren verunsichert. Wird es tatsächlich so roh zugehen, wie angekündigt? Kameraden, die das ganze Geschehen schon auf den vergangenen Reisen erlebten, standen mit fies grinsenden Gesichtern umher. Endlich wurde Seite gepfiffen und der Meeresgott mit seiner farbenprächtigen Schar traf auf dem Schiff ein. Die dem Meer Entstiegenen machten einen feierlichen Eindruck. Nur die dunkelbraunen Gestalten der Trabanten mit schwingenden, zentimeterdicken Tauenden zeigten ein mürrisches Gesicht und ließen damit keine Unklarheiten aufkommen, wie sie mit den Täuflingen umgehen würden. Sie würden schon dafür sorgen, dass die Haut

auf den Rücken der Unglücklichen an Geschmeidigkeit und Durchblutung zunimmt.

Das Defilee der illustren Gestalten konnte beginnen. Vorneweg der Kommandant, dann schob Neptun seinen fülligen, fast nackten Körper über das Oberdeck. Danach folgten ihre schlankere Lieblichkeit, die jungfräuliche Gattin Neptuns, mit der Hofdame und der Hofstaat, bestehend aus Triton, Aktuar, Zeremonienmeister, Hofbarbier, Hofastronom, Kellermeister, Hofmarschall, Obertrabant und Trabanten. Gleich zu Beginn schnappten sich die Trabanten aus dem ungetauften Pack die ersten Großmäuler. Mit Ketten gefesselt oder mit Eisenkugeln an den Beinen wurden die Armen über das Deck geschleift. Der Rest blieb in einer Absperrung am Taufplatz, die unruhigen Augen abwechselnd auf den langen, engen Windsack, den Rasierstuhl und das Taufbecken gerichtet.

Nachdem der Rundgang auf dem Schiff beendet war, nahmen der Kommandant und der Hofstaat etwas erhöht vor den Täuflingen Platz. Nach einigen Ansprachen der Akteure kamen die ersten Aufrufe zur Taufe durch den Aktuar.

Der II WO, schon während des Krieges über den Äquator gefahren, wegen der damaligen Geschehnisse jedoch nicht getauft, wird mit den Worten aufgerufen:

„Komm doch einmal her, mein Lieber,
denn ich hab heut vernommen,
du bist schon einmal über die Linie gekommen.
Weil Krieg war, ließen wir dich laufen
und verzichteten aufs Taufen.
Doch jetzt haben wir dich erwischt
und halten fürchterlich Gericht.
Trabanten, nehmt den Mann hier fort,
der Leichnam fliegt dann über Bord."

Täufling um Täufling wurde so oder ähnlich aufgerufen.

Der Hofastronom ließ das Opfer durch ein Fernrohr blicken, an dessen Ende ein Stempelkissen angebracht war. Ein kurzer Druck auf das andere Ende, und schon lief der Aufgerufene mit einem blauen Auge, wegen der Stempelfarbe, zur nächsten Stelle zur inneren Reinigung mit einer Pille. Das undefinierbare, aus einer unappetitlichen Masse bestehende Zeug schmeckte so grässlich, dass es nur mit Hilfe eines muskulösen Trabanten über die Zunge ging. Jetzt konnte nur noch ein kräftiger Schluck Seewasser helfen. Das schmeckte aber auch nicht nach Rosenwasser. Danach ging es mit dem Kopf voran in den Windsack. Während des Durchkriechens auf allen vieren hielten die Trabanten vorne und hinten mit Feuerlöschschläuchen in die Öffnungen. Versuchte man flach durch den Schlauch zu robben, ersoff man nahezu. Ging man etwas höher, dann schlugen die braunen Gesellen mit den Tampenenden auf den sich an der Leinwand abzeichnenden Rücken. Da half nur eines, schnell durch. War man jedoch zu schnell, dann stellte einer der Trabanten hinterhältig seinen Fuß auf die Leinwandröhre und man war wieder am Absaufen, oder sie hoben den Ein- und Ausgang so hoch, dass man nur noch von Wasser umgeben war. Gleich nach dem Windsack, noch atemlos, musste man auf einem Stuhl Platz nehmen. Eine riesige Zange legte sich um den Hals und mit einer großen Quaste bekam der Täufling ein unangenehm riechendes, schmieriges Zeug über das Gesicht gestrichen. Die Lungenflügel verlangten gierig nach Sauerstoff, aber Nase und Mund waren mit der Masse überstrichen. Befreiung brachte ein überdimensionales Rasiermesser aus Holz. Kaum konnte man klarer sehen, beförderte ein heftiger Stoß den Täufling rückwärts und kopfüber in das

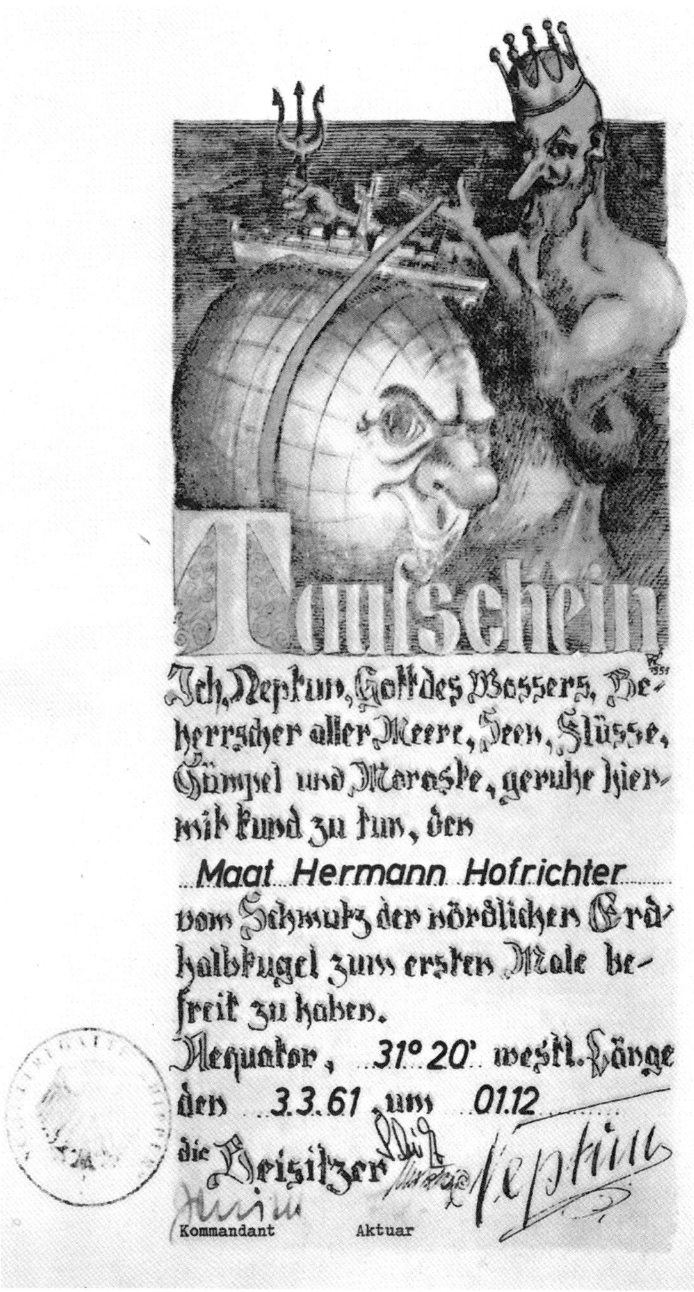
Taufschein

Ich, Neptun, Gott des Wassers, Beherrscher aller Meere, Seen, Flüsse, Tümpel und Moraste, geruhe hiermit kund zu tun, den

Maat Hermann Hofrichter

vom Schmutz der nördlichen Erdhalbkugel zum ersten Male befreit zu haben.

Aequator, 31° 20' westl. Länge

den 3.3.61 um 01.12

die Beisitzer

Neptun

Kommandant Aktuar

Taufbecken, das man ein Deck tiefer aus Holz und einer Persenning aufgebaut hatte. In ihm befanden sich wiederum sehr kräftige Burschen, die das Opfer so lange unter Wasser drückten, bis es ganz ruhig wurde. Die Panik ließ das aber in vielen Fällen nicht zu. Das Wasser kochte durch das Umherschlagen des Unglücklichen. Endlich wieder an der Oberfläche, hatte man die Taufe vollkommen erschöpft überstanden. Anschließend bekam jeder zur Erbauung des Nervengewandes einen Schnaps.

So verliefen die normalen Taufvorgänge. Alle Täuflinge mit einer Strafe mussten zusätzliche Attacken über sich ergehen lassen und die Trabanten waren nicht bekannt dafür, dass sie mit ihren Opfern sehr zimperlich umgingen. Blaue Flecken und Hautabschürfungen an den verschiedenen Körperstellen zeugten noch Tage danach von der überstandenen Tortur.

Nachdem alle Erstüberquerer des Äquators die äußere und innere Reinigung vom Schmutz der nördlichen Halbkugel hatten über sich ergehen lassen, sprang der ganze Hofstaat in das Taufbecken. Selbst der Kommandant gesellte sich in voller Uniform dazu.

Während des Taufzeremoniells hatten sich auf Beute hoffende Haie um das Schiff bewegt. Ständig zeugten ihre Rückenflossen von ihrer Gegenwart. Auch sie sollten noch an unserer Feier teilhaben. Die übrig gebliebenen Pillen flogen über Bord und gierig schossen die stromlinienförmigen Körper auf die Überreste zu. Was für die Täuflinge immense Klumpen waren, waren für sie nur kümmerliche Happen.

Die Übergabe der Taufscheine beschloss das lustige Treiben und der Bordalltag nahm wieder seinen üblichen Lauf.

Wasser- und Rauchgasproben

Offiziersanwärter wurden schon immer gerne auf den Leim geführt. So auch auf unserer HIPPER.

Während der praktischen Ausbildung mussten die Kadetten auch an den Wachen in der Maschine und in den Kesselräumen teilnehmen. Nach der üblichen Einweisung wurden ihnen Aufgaben, unter Aufsicht, übertragen. Hatten sich unsere Aspiranten langsam eine gewisse Sicherheit in ihrem neuen Arbeitsbereich angeeignet, dann waren sie reif für unsere Streiche.

Eine davon war die „Kesselspeisewasserprobe".

Um keine Zweifel aufkommen zu lassen, eine Probe für das Kesselspeisewasser gab es tatsächlich. Für eine echte Probe wurde jedoch nur sehr wenig Wasser benötigt. Nicht so bei unseren Kandidaten. Meist begann es damit, dass einer der Fahrmaate aus der Maschine anrief, dass er jetzt Zeit hätte für eine Messung. Also wurde eine große Pütz mit Kesselwasser gefüllt und der Anwärter bekam den Auftrag, das Wasser in den Maschinenraum zu tragen. Dazu musste er mit dem schweren Behälter den engen und steilen Niedergang hoch, über Grätings, durch die Luftschleuse, über das Oberdeck und hinab in den Maschinenraum. Dort angekommen, steckte der Pseudoprüfer ein Thermometer in das Wasser, stellte fest, dass das Wasser zu kalt sei, und schickte den Träger wieder zurück in den Kesselraum für neues, wärmeres Wasser. Zusätzlich wurde unser Freund dazu angehalten, etwas schneller zu laufen, damit der Wärmegrad im Wasser erhalten blieb. Ganz

„Schlaue" konnte man schon dreimal für solche Wassertransporte gewinnen, bevor die ersten Zweifel aufkamen.

Sehr lohnend war auch die „Rauchgasprobe", die es jedoch auf unserem Dampfer nicht wirklich gab.

Im Ernstfall ist es für ein Kriegsschiff lebenswichtig, dass rauchfrei gefahren wird. Ein qualmender Schornstein galt geradezu als „Verbrechen". Bei einem Ölkessel hat ein sachkundiger Fahrmaat das Spiel zwischen Ölmenge, Öldruck, Öltemperatur, Brennergröße und Luftzufuhr so im Griff, dass am Schornstein nur ein Flimmern zu sehen ist. Es gab aber auch „Sonderfälle". Hatte man beim Einlaufen im Heimathafen Dienst im Kesselraum, so konnte man die Freundin auf der Pier mit vorher ausgemachten Rauchzeichen begrüßen. Mittels Drosselung der Brennerluftzufuhr wurden schwarze Rauchbälle durch den Schornstein gejagt. Meist kam umgehend ein Anruf von der Brücke: „Rauchlos fahren!" Dann war es aber schon geschehen. Natürlich blieben solche Heizergrüße in der Regel dem für den Kessel zuständigen Fahrmaat vorbehalten.

Die Dichte der Rauchgase wurde über einen Spiegel, durch Gläser am Kessel und eine Glühbirne an der Rückseite des Kessels beobachtet. War die Birne klar zu sehen, stimmten die Einstellungen für die Verbrennung. Es blieb trotzdem nicht aus, dass die Gläser mit der Zeit durch die Abgase beschlugen. Zum Reinigen wurden die Gläser aus der Steckvorrichtung genommen, abgewischt und wieder eingeschoben.

Um unseren Kadetten auf den Arm nehmen zu können, sprach man sich mit der Aufsicht im zweiten Kessel ab. Während der Wache, oft nach Mitternacht, kam also von dort ein Anruf. Unser Opfer konnte jedoch nur einseitig mithören. Durch das Gespräch wurde der Eindruck erweckt, dass der SSO oder einer der Wachmaschinisten, die zu dieser Zeit selig in ihrer Koje lagen, eine Rauchgasprobe verlangten. Also wurde unser Kandidat auf die Rückseite des Kessels geschickt, um das Glas zu ersetzen. Das beschlagene Glas brachte er danach, auf Anordnung, eilig auf die Kammer des Ausgesuchten. Wie der anschließende Anschiss für den Überbringer aussah, kann sich jeder selbst vorstellen.

Keiner wollte den Reinfall bei seinen Kameraden zugeben und so konnte man das Spiel mehrmals pro Lehrgang durchführen.

Lords kontra Zoll

Zu den erfreulichen Begebenheiten auf einem Schiff gehörte es, dass man, sobald das Hoheitsgewässer verlassen war, zollfrei einkaufen konnte. Rechtzeitig vor dem Auslaufen übernahm die Zolllast die Dinge des allgemeinen Begehrens. In der Hauptsache waren es natürlich Zigaretten, Alkoholika und in geringen Mengen Duftwässerchen. Was sonst noch zollfrei angeboten wurde, war für die Lords nur am Rande wichtig.

Zu Beginn der Bundesmarinezeit kostete eine Stange Zigaretten sechs Mark und eine Flasche Whiskey konnte man schon ab zirka acht Mark erstehen. Auf See bot man sich gegenseitig großzügig Zigaretten an und manche gelenzte Flasche flog über Bord, nachdem deren Inhalt die immer durstigen Kehlen ausgiebig benetzt hatte.

Obwohl einiges, vor allem Schnaps, nicht in unbegrenzten Mengen ausgegeben wurde, wanderten die Zigaretten stangenweise in die Backskisten und gleich daneben gluckerte manche Buddel bei jeder Schiffsbewegung. „Aktion Eichhörnchen" war für die nächste längere Hafen- oder Werftliegezeit angesagt.

Gerne wurde der zollfreie Einkauf auch als Mitbringsel mit an Land genommen. Da gab es aber immer ein lästiges Handikap in der Gestalt der Zöllner. Aufmerksam und wissend beobachteten sie die Schiffsbewegungen der „Grauen-Dampfer-Linie". Sie wussten, wann die Schiffe einliefen und die Besatzungen an Land oder in den Urlaub gingen.

Schon in der Nähe des Wachgebäudes zum Hafengelände lauerten sie oft auf ihre Opfer. Selbst im Bahnhofsbereich war man vor den aufmerksamen Häschern nicht sicher. Unauffällig in Zivilkleidung, schlugen die Zollkommandos zu. Auf der Straße oder in einem Kämmerchen auf dem Bahnhof wurden die Verdächtigen durchsucht und, wenn nötig, die schmutzige Wäsche, für die Waschmaschine bei Muttern, ungerührt durchwühlt. Die Strafen für ein Zollvergehen waren außergewöhnlich hoch, sodass man schon überlegen musste, wie man einer Überprüfung entgehen oder gefahrlos schmuggeln konnte. Ganz nebenbei war es eine fast schon sportliche Herausforderung, den Zollbeamten ein Schnippchen zu schlagen.

Drei Lords hatten ihr Schiff in Wilhelmshaven verlassen. Einer trug eine Papiertüte unter dem Arm. Der Inhalt: zwei Stangen Zigaretten. Damit sich der Inhalt nicht so klar abzeichnete, hatte er zusätzlich noch zusammengeknülltes Zeitungspapier in die Tüte gepresst. Mit unschuldigen Gesichtern schlenderten sie am Hafenbecken längs. Plötzlich tauchten zwei eminent unauffällige Herren auf. Was tun? Ein Ausweichen war nicht mehr möglich. In hohem Bogen flog die Tüte ins Wasser. „Was werfen Sie hier ins Wasser?“ „Abfall.“ „Das ist doch kein Abfall, das waren Zigaretten.“ „Wie komm ich dazu, Zigaretten ins Wasser zu werfen?“ „Weil sie unverzollt sind.“ „Das kann ich mir nicht vorstellen.“ Allmählich saugte sich das Päckchen mit Wasser voll. Langsam nahm der Tiefgang der verdächtigen Tüte zu. Sicher würde sie in der nächsten Zeit nicht an Land gespült. Grinsend bestätigten die Kameraden, dass sie sich auch nicht vorstellen könnten, dass einer so dumm sei, freiwillig Zigaretten in den Bach zu werfen. Und das war die Wahrheit, denn ohne Grund hatte ihr Begleiter die Stangen nicht aufgegeben. Die Zöllner mussten die Burschen ziehen lassen. Wissend, dass sie wieder einmal auf den Arm genommen wurden und nichts beweisen konnten.

Eine sichere Möglichkeit gab es, um ungeschoren an Land zu kommen. Man konnte mit dem Routinebus, der regelmäßig die Dienststellen in der Stadt anfuhr, das Hafengelände verlassen. Das Fahrzeug wurde nie angehalten und die Landdienststellen in der Regel nicht überprüft. Die Gefahr, dass man danach doch noch im Bahnhofsbereich erwischt wurde, bestand natürlich anschließend immer noch. Der Bus war also nur geeignet, wenn man im Standort blieb. Zigaretten konnte man auch mit der Post nach Hause senden. Dieser Weg wurde jedoch fast nie gewählt.

Sehr nützlich waren auch die weiten Hosenbeine der Marineuniform. Hatte man Kniestrümpfe an, dann ließ sich, je nach Beinlänge, der Inhalt einer ganzen Stange Zigaretten verstauen.

Eines Tages, unsere Schiffe waren wieder nach längerer Zeit in Kiel eingelaufen, stand für einen Großteil der Besatzung Heimaturlaub an. Wie ein Lauffeuer ging es durch das Schiff, dass in der Nähe des Hafentores die Zöllner die ersten Urlauber überprüften. Was tun? Züge warten bekanntlich nicht. Ein Privatauto hatte zur damaligen Zeit keiner der Lords. Plötzlich kam einem eine Idee. „Wir fahren in Uniform nach Hause und verlassen das Gelände als Marschkolonne. Eine solche halten die Zöllner doch sicherlich nicht an.“ Man konnte davon ausgehen, dass am Bahnhof nicht kontrolliert wurde, wenn sich die Einsatzkräfte auf das Gebiet des Marinehafens konzentrierten.

Gesagt, getan, rasch hatte man die Kameraden gewahrschaut. Schon nach kurzer Zeit standen die Urlauber in Uniform in einer geordneten Marschformation auf der Pier, die blaue Marinetasche in der rechten Hand. Schnell fand sich noch ein Unteroffizier – auch er hatte etwas zu verbergen –, der das Kommando übernahm. „Rechts um, im Gleichschritt marsch!" Der kleine Zug marschierte durch das Tor, vorbei an den neugierig blickenden Zöllnern, in Richtung der nahen Kaserne in der Wik. Um ganz sicher zu gehen, wurde der kleine Umweg in Kauf genommen. Befreit lachend löste sich der Haufen umgehend auf, als er den Sichtbereich der Zöllner verlassen hatte. Jeder brachte an diesem Tage seine unverzollten Waren glücklich nach Hause.

Erinnerungen eines Radargastes

Abkommandiert von der MOS in Bremerhaven sahen wir in Kiel das erste Mal unser Schiff, die Schulfregatte HIPPER. Nachdem unsere Seesäcke aus der olivgrünen Anhäufung auf dem Lastwagen ausgesucht waren, hörten wir eine Stimme, die wir nicht mehr so leicht vergessen sollten: „Seesäcke rrrricht euch!“ Ratlose Gesichter! Was wollte der Typ? Das Notizbuch zwischen den Knopflöchern und die Hände in der Hüfte, stand der Schiffswachtmeister vor uns. Kurz danach war aus uns Neuankömmlingen und den Seesäcken – oder waren wir die Seesäcke? – eine halbwegs militärische Formation entstanden. Nach einigen skeptischen Blicken, Anweisungen und Belehrungen konnten wir schließlich unser zukünftiges, schwimmendes Domizil betreten.

Schnell erfuhren wir die Funktion eines Schiffswachtmeisters. Seine Tätigkeit auf einem Schiff entspricht in etwa den Aufgaben, die ein Spieß in einer Kaserne wahrnimmt. Von unserem behaupteten böse Zungen, dass er vor jedem Verlassen seiner Kabine annähernd zehn Minuten seine Mütze vor dem Spiegel hin und her rückte. Ein kecker, schräger Sitz sollte ihm ein verwegenes Aussehen geben. Seine aufrechte, stramme Haltung und die auffällig vorgeschobene Brust täuschten zusätzlich eine nicht vorhandene Körperlänge vor. Seine militärische Einstellung war so, dass er es am liebsten gesehen hätte, wenn selbst die Kakerlaken auf ihren nächtlichen Streifzügen durch die Schiffsräume im Gleichschritt aus ihren Schlupflöchern marschiert wären.

Alsbald hatten wir uns in unserer neuen Umgebung eingelebt und wurden in den vorgesehenen Aufgaben am Radar eingesetzt. Endlich konnten wir das auf der Schule Gelernte in die Praxis umsetzen. Nach den ersten Einweisungen wurden die Tätigkeiten am Radar auch für uns Neulinge irgendwann Gewohnheit und die täglichen Handgriffe an der ganzen Apparatur gingen über kurz oder lang wie von selbst. Das Radarbild mit seinem monoton kreisenden Strahl wurde zum alltäglichen Anblick.

Wegen des Streulichtes der Raumbeleuchtung war auf dem Gerät eine Gummitüte mit einer Öffnung aufgesetzt. Auf diese Öffnung wurde der Kopf beziehungsweise der Augenbereich aufgelegt und das Radarbild konnte so deutlicher beobachtet werden. Oft wurden wir in dieser Stellung von der Müdigkeit besiegt. Mit uns und der Welt zufrieden, ergatterten wir so manche verbotene Mütze Schlaf.

Eines Tages hatte ein WO wohl bemerkt, dass sein Radarbeobachter wieder einmal zu sehr in sich gegangen war. Zielbewusst schlich er an das Gerät und drehte an den Einstellknöpfen, sodass keine korrekten Angaben mehr gemacht werden konnten. Schon kurz danach kam von der Brücke über den Lautsprecher die Frage: „Peilung und Entfernung Objekt voraus?" Der Radargast, urplötzlich aus seinen seligen Träumen gerissen, konnte, wie zu erwarten, keine brauchbare Meldung abgeben und selbstverständlich war wieder einmal ein entsprechender Anschiss fällig.

Um Pannen dieser Art zu entgehen, zogen wir den zusätzlich wegen des Streulichtes angebrachten Vorhang um das Gerät und stellten einen Fuß auf einen Zipfel desselben. Danach sackte der Kopf wieder in die bekannte Ruhestellung. Jetzt wurde man jedes Mal rechtzeitig aufmerksam, wenn jemand die Abschirmung bewegte, um hinterlistig an den Knöpfen zu drehen.

Nicht Not, sondern Müdigkeit machte in diesem Falle erfinderisch.

Sailors have more fun

Langsam schob sich das graue Schiff mit einer riesigen Zwei als Kennung am Vorschiff um den Kopf der Mole. Offizielle und andere Piepels standen auf der Pier und beobachteten teils fachkundig, teils gespannt das Anlegemanöver des Schiffes. Noch ein paar Befehle von der Brücke, das Heckwasser schäumte noch einmal auf, und unter den Klängen eines Marinemusikkorps machte der modernste Raketenzerstörer der US-Navy, die CHARLES F. ADAMS, an der Außenseite der Tirpitzmole in Kiel fest.

Wir, auf der kleineren HIPPER, waren schon richtig neugierig, denn unsere Fregatte hatte man als Betreuungsschiff des US-Zerstörers ausersehen. Unser Schiff wurde in den letzten Tagen auf Hochglanz gebracht und konnte sich, trotz seines Alters, durchaus sehen lassen. Nach der offiziellen Begrüßungszeremonie knüpften wir die ersten Kontakte zu den Sailors aus den Staaten. Gegenseitige Schiffsbesichtigungen wurden durchgeführt. Auffallend waren die traditionellen Merkmale der amerikanischen Zerstörerkonstruktionen, die Anordnung der Aufbauten, die hohen Schornsteine des Glattdeckers, und so weiter. Wir aus der Technik bewunderten die modernen Maschinen mit ihren Hochdruck-Heißdampf-Turbinen- und Kesselanlagen. Danach wurde eine Gruppe von uns zum Essen auf dem Zerstörer eingeladen. Im Austausch kam eine Abordnung der mehr als dreihundertfünfzig Mann starken Besatzung der Amerikaner auf unser Schiff. Das anfängliche vorsichtige Beschnuppern ging rasch in ein geselliges, lockeres Beisammensein über. Seeleute verstehen sich schnell, sind ihre Interessen allenthalben doch die gleichen.

Für uns war es nur eigenartig, dass es auf dem Zerstörer keinerlei Alkohol gab. Cola, Säfte, Tee und Kaffee, alles war zu bekommen, nur kein Bier. Wie sollte man das Essen so trocken runterwürgen? Tagsüber waren Besichtigungen mit den US-Boys vorgesehen. Am Spätnachmittag saßen wir wieder trocken auf dem US-Dampfer herum. Cola und Säfte flossen uns schon langsam aus allen Körperöffnungen. Einer holte, um die Stimmung zu heben, sein Schifferklavier von der HIPPER. Plötzlich kam der rettende Einfall. Der schwarze, voluminöse Schutzkasten für die Quetschkommode ist doch die ideale Transportmöglichkeit. Gesagt, getan! Leichtfüßig verließ der erste Bierholer den Zerstörer. Schwer beladen, die sperrige Kiste unter den Armen, damit der Henkel nicht abriss, kam er kurz danach wieder zurück. Die Stimmung stieg im Deck des Destroyers. Der amerikanische „Posten Pier" wunderte sich, dass schon nach ganz kurzer Zeit der schwarze Kasten wieder über die Pier zur Fregatte und zurück getragen wurde. Der B.d.W. der HIPPER ließ schmunzelnd die kunstvoll geflochtene Schnur seiner Bootsmannsmaatenpfeife um den Finger kreisen. Man hatte ihn längst aufgeklärt. Unsere Gastgeber begrüßten jedes neue Biertransportunternehmen mit einem riesigen Hallo.

Zwischenzeitlich schallte es auch lebhaft aus den Decks der HIPPER. Unsere Jungs füllten langsam, aber stetig ihre neu gewonnenen Kameraden aus den Staaten ab. Viel Mühe mussten sie sich dabei nicht geben. Wegen der Alkoholabstinenz auf dem amerikanischen Schiff war dessen Besatzung ein solches Gelage nicht gewohnt. Die Besucher konnten mit ihren trinkfreudigen Gastge-

bern nicht mithalten. Als später aufgebrochen wurde, wollte einer der farbigen Sailors die Fregatte nicht verlassen. Er hatte beschlossen, bei der German Navy den Rest seiner Dienstzeit zu verbringen. Noch auf der Stelling klammerte er sich am Handlauf fest. Mit viel Gejohle und beträchtlichem Kraftaufwand schafften seine Kameraden den Widerspenstigen doch noch auf den eigenen Dampfer.

Nächster Tag, mit einem Militärbus fuhren wir nach Eckernförde in die frühere Unteroffiziersschule. Diese hatte man zwischenzeitlich nach Plön verlegt. Mit unseren Gästen war ein Kegelabend im Untergeschoss der Kantine vorgesehen. Unsere amerikanischen Begleiter setzten sich aus Offizieren, Unteroffizieren und Mannschaftsdienstgraden zusammen. Für uns überraschend war der ungezwungene Umgang zwischen den Dienstgraden in der Freizeit. Auf den US-Schiffen, während des Dienstes, hält man wesentlich mehr Distanz. Die Boys fielen sich in die Arme oder schlugen sich auf die Schulter, wenn ein guter Wurf gelungen war. Nach etlichen Spielen zeigte der Alkohol bei unseren neuen Kameraden auch hier seine Wirkung. Durch den Bier- und Schnapskonsum, jede gute Leistung musste begossen werden, wurde das Spielen immer unkonzentrierter. Abwechselnd stimmten wir Lieder an und gingen immer mehr zum gemütlichen Beisammensein über. Nur noch ein paar ganz Beharrliche bearbeiteten die Bahn und die Kegel mit den Kugeln. Einer schlug vor, dass wir unseren Gästen ein deutsches Lied beibringen könnten. Nach einer bekannten Melodie wurde ein Text geprobt, den man sicherlich nicht unbedingt in einer „Schule für höhere Töchter" oder hinter Klosterpforten erwarten sollte. Noch auf der Rückfahrt wurde das Gesangsstück mehrmals wiederholt, bis das Eingeübte in den alkoholgeschwängerten Köpfen hinlänglich eingetrichtert war.

In Kiel angekommen, stoppte der Bus am Haupttor zum Hafen. Wir, auch nicht mehr ganz nüchtern, ließen die Boys antreten. Lustig, unser Lied mit amerikanischem Slang singend, marschierte die Kolonne, unter deutschem Kommando, leicht schlangenförmig, zum Teil eingehakt, zur CHARLES F. ADAMS. Schmunzelnde Gesichter auf den anderen Schiffen an der Pier verfolgten den feucht-fröhlichen Trupp. Vor unseren Dampfern verabschiedeten wir uns umständlich unter Zusicherung ewiger Kameradschaft. Einige Unverdrossene wollten den Aufmarsch noch einmal, weil es so „beautiful" war, wiederholen, wurden jedoch von einsichtigeren Kameraden zurückgehalten.

Tags darauf hörte man auf dem Zerstörer bei der täglichen Bordarbeit immer wieder unsere einstudierte Melodie mit Bruchstücken des Textes. Dabei winkten die Jungs fröhlich zu uns herüber. Zum Glück war der nicht ganz salonfähige Wortinhalt des Liedes in den umnebelten Gehirnen nicht sehr stark hängen geblieben. Für ein nochmaliges Einüben war danach keine Gelegenheit mehr.

Wie war es doch gleich: „Sailors have more fun."

Anmerkung: Ab 1969/70 fuhr der gleiche Zerstörer-Schiffstyp (US-Bezeichnung DDG) in einer modifizierten Bauart als LÜTJENS (D 185), MÖLDERS (D 186) und

ROMMEL (D 187) fast dreißig Jahre bei der Deutschen Marine.

Nach mehr als sechshunderttausend zurückgelegten Seemeilen ertönte auf der ROMMEL 1998 das Kommando: „Seeklar zurück. Feuer aus!" Der Erste der drei Zerstörer beendete damit seinen aktiven Dienst. Fünfunddreißig Länder und neunzig Häfen hatte er besucht. Über sechstausend Marinesoldaten hatten auf dem Zerstörer ihren Dienst versehen.

Der Urlauber

Von Zeit zu Zeit, vor allem nach den großen Reisen, musste unser Schiff wegen dringender Reparaturen und Wartungsarbeiten in die Werft. In der Regel verholten wir dazu nach Kiel-Gaarden in die HDW (Howaldtswerke-Deutsche Werft).

Die Werftliegezeit wurde dazu benutzt, um den angefallenen Jahresurlaub abzuwickeln. Die Restbesatzung konnte auf dem Schiff verbleiben, was nicht immer sehr angenehm war, denn alle Arbeitsgeräusche übertrugen sich im riesigen Resonanzkörper des Schiffes und ließen während der Arbeitszeit keine Ruhe aufkommen.

Die Mannschaftsdienstgrade verrichteten tagsüber die üblichen Routinearbeiten eines Schiffsbetriebes unter den gegebenen Umständen, während die Werftgrandies ihrer Arbeit nachgingen. Als Unteroffiziere konnten wir uns bei der Aufsicht ablösen, genossen einige Freiheiten und machten häufig Foftein. Täglich besuchten wir die Kantine der Strumpffabrik Tilly, die auf dem Gelände der HDW untergebracht war. Dort konnte man mit den weiblichen Angehörigen des Unternehmens auf recht unkomplizierte Art Verbindung aufnehmen und Verabredungen treffen. Den Mannschaften wurde erzählt, dass wir an Besprechungen teilnehmen würden. Nur, so viele Besprechungen konnte es überhaupt nicht geben, wie wir abwesend waren.

Oft benutzten wir die Dienststunden auch für kleinere Feiern. Vor allem dann, wenn einer von uns in den Urlaub fuhr. Unseren U-Raum teilten sich, ganz unüblich,

Angehörige technischer und seemännischer Laufbahnen. Einer davon war ein netter, hilfsbereiter und empfindsamer Kamerad. Sein Feingefühl wäre in mancher Gesellschaft durchaus angebracht gewesen, jedoch nicht bei unserer derben Umgangsart. So wurde er vielfach das Opfer unserer oft groben Späße und Attacken.

Eines Tages stand sein Jahresurlaub an. Gewissenhaft hatte er ein Taxi zum richtigen Zeitpunkt für die Fahrt zum Bahnhof bestellt. Schon Stunden vorher war die blaue Bundeswehrtasche, auch Buko genannt, gepackt und nervös sehnte er die Abfahrtszeit herbei. Als „fürsorgliche" Kameraden halfen wir unserem Urlauber über die restliche Zeit, indem jeder von uns noch ein Bier oder einen Schnaps mit ihm trank. Nein – nicht zugleich mit allen, schön der Reihe nach mit jedem Einzelnen musste er anstoßen und trinken. Entsprechend hoch war die Alkoholmenge, die er zu sich nahm. Langsam verflog seine Nervosität und er stellte mit einem Mal fest, dass er wohl die besten Kameraden in der gesamten Marine hätte.

In der Zwischenzeit hatte ich unsere HIPPER verlassen, um auf der Werft eine Eisenplatte zu beschaffen, die die Grundfläche seiner Tasche ausfüllte. Zurück auf dem Schiff, wurde die Platte in Papier eingeschlagen und mit der Aufschrift „Für die liebe Tante Grete, vom Stb-U-Raum" versehen. Danach wanderte die Platte unauffällig in die Tasche, obenauf die schmutzige Wäsche für die Waschmaschine zu Hause.

Der Zeitpunkt der Abreise rückte näher, noch einmal wurde auf das Gelingen des Urlaubs angestoßen, und mit glänzenden Augen, leicht schwankend, verließ uns der Heimaturlauber über die Stelling Richtung Werfttor. Noch wussten wir nicht, ob er das zusätzliche Gewicht in der Tasche bemerken würde. So trug ich die Tasche, unter zahlreichen Dankesworten für die unerwartete Hilfe, durch das Gelände zum Mietwagen.

Nach Ablauf des Urlaubs harrten wir gespannt auf den Bericht über den restlichen Verlauf der Heimfahrt, denn wir wussten, dass er uns auf seine treuherzige, ehrliche Art die Wahrheit erzählen würde.

Morgens gegen vier Uhr am Heimatbahnhof angekommen, musste er unausgeschlafen und verkatert noch zirka eine halbe Stunde zur Wohnung laufen. Kraftlos und todmüde legte er sich sofort ins Bett, währenddessen seine Mutter die auffällig schwere Tasche aufhob, die Wäsche auspackte und dabei auf die „Liebesgabe" des Stb-U-Raumes stieß. Natürlich kannte die „liebe Tante Grete" ihren Sprössling sehr genau. Als er aufwachte, waren ihre ersten Worte: „Mein Sohn, das kann man nur mit dir machen, du bist doch das größte Rindvieh auf der Erde."

Der verschwundene Nelkenstrauß

Die Schulfregatte HIPPER lag wieder in ihrem Heimathafen Kiel. Landgang, vorerst ziellos verließen einige die Enge des Schiffes, um ein paar beschwingte Stunden in der Fördestadt zu verbringen. Es war noch früh am Abend und so besuchten sie eine der von Marinern bevorzugten Kneipen in der Wik, um sich mit ein paar Gläsern Bier auf den Abend einzustimmen

Gleich die erste angesteuerte Schänke war so unglücklich besetzt, dass die Gruppe nicht zusammen an einem Tisch sitzen konnte, und so fragte einer die Dame des Hauses, ob sie das kleine Nebenzimmer benützen könnten. Der Raum war jedoch für eine Geburtstagsfeier vorgesehen und die Wirtin bestand darauf, dass sie sich nur für etwa eine Stunde darin aufhielten.

Der Tisch war für die Feier mit einer Decke und einem Nelkenstrauß dekoriert. Während des anfänglich belanglosen Palavers fiel der Blick immer wieder auf die Blumen. Gelangweilt stellte einer fest, dass das Gebinde aus genauso vielen Blüten bestand, wie sie Köpfe am Tisch waren. Solch ein Zufall ließ natürlich sofort die grauen Gehirnzellen arbeiten. Die Zahlenübereinstimmung rief doch förmlich danach, dass etwas geschehen musste. Sollte sich jeder eine Nelke anstecken? Das wäre aufgefallen und vor allem, nicht alle hatten ein Sakko an und somit das für die Blume nötige Knopfloch. Was tun? Plötzlich kam einem die Inspiration: „Wir fressen die Blumen." Gesagt, getan, pro Nase wurde je eine Blume mit Todesverachtung verputzt. Am Ende reichte man noch die Vase herum und gemeinsam trank man das Blumenwasser.

Nach etwa einer Stunde ging es wie versprochen ans Zahlen, die Wirtin rechnete zügig ab, dabei fiel ihr Blick auf die leere Vase. Wo waren die Blumen? Die Runde blickte treuherzig umher. Die Gastgeberin suchte den Raum ab. Nichts! Das gab es doch nicht! Keiner hatte den Raum zwischenzeitlich verlassen. Ein Versteck war nicht möglich. Aus den unschuldigen Mienen der Übeltäter konnte sie keine Rückschlüsse ziehen und so verließen sie unter den ahnungsvollen Blicken der Gastgeberin die Kneipe. Ihr war klar, wer die Frevler waren, sie kannte die blauen Jungs und ihren Einfallsreichtum für Mätzchen. Jedoch die Beweise für die Tat fehlten.

Auf der Straße hellten sich die unschuldigen Gesichtszüge schlagartig auf und Gelächter brach los. Nur einige bekamen ein säuerliches Aufstoßen. So gut schmecken Nelken nebst Blumenwasser eben doch nicht.

Kamerad Blaumann

Eine der wohl wichtigsten Übungen auf einem Schiff ist das Manöver „Mann über Bord". Gilt es doch, immer bereit zu sein, das Leben eines Kameraden zu retten, der bei Sturm oder durch andere widrige Umstände über Bord gefallen ist. Solche Manöver werden fast immer ohne vorherige Ankündigung durchgeführt und sind für alle Beteiligten eine erhebliche, wenn auch zeitlich kurze Anspannung. Alles geht sehr schnell, jeder muss wissen, wo sein Platz ist und was im richtigen Moment zu veranlassen ist. Nur so kann im Ernstfall das Leben eines Verunglückten schnell gerettet werden.

Meist benützt man für diese Übung einen Rettungsring, der in das Wasser geworfen wird. Nicht so auf unserem Schiff. Unser SSO wollte es realistischer und ließ für diese Aufgabe einen Blaumann mit alten Feudeln und Twist ausstopfen. Um den Übungskameraden der Natur entsprechend zu trimmen, bekam er in jedes Bein eine leere Kartusche und gegen das Absaufen eine alte Schwimmweste verpasst. Tagsüber, auf See, lag unser Kamerad Blaumann verlassen und wenig beachtet am Oberdeck, um das aufgesaugte Wasser des letzten Manövers zu verdunsten. Einen Hafen hat er nie gesehen, denn sein Dasein war nur von kurzer Dauer, wie wir gleich sehen werden.

Kaum auf See, konnten wir darauf warten, dass der Ruf „Mann über Bord!" durch das Schiff gellte. Viel geübt holte man kurz danach den auf den Wellen wippenden Gesellen mit einem Bootshaken oder auf einer schräg ins Wasser gehaltenen Leiter liegend per Hand an Bord. Was so einfach erscheint, ist in Wirklichkeit ein aufwändiges Manöver. Urplötzlich ist ein ganzes Schiff in Aufruhr. Zahlreiche Schiffsbewegungen folgen. Keiner darf dem anderen im Wege stehen. Jeder Handgriff hat zu sitzen. Maschinen gehen auf Stopp und werden wieder, je nach Notwendigkeit und Anweisung, hochgefahren. Je nach Antriebsart werden Brenner abgestellt, ausgetauscht und neu gezündet. Pumpen, Rudermaschinen und so weiter unterliegen einer zusätzlichen Belastung. Wenn nötig, werden Beiboote ausgesetzt. Ist starker Seegang, dann holt das Schiff unvorhergesehen über. Tassen und Teller fliegen von der Back. Begreiflich, dass man von solchen Übungen, trotz allen Verständnisses, nicht sehr begeistert war.

Zum Glück machte sich unser SSO seine Finger nicht gerne schmutzig und ließ den Stoffkameraden immer von Mitgliedern der technischen Besatzung in das nasse Element werfen. So auch an einem Abend, als das Schiff friedlich die Wellen teilte. Ganz entzückt von seiner Aufgabe wollte er sogleich das bekannte „Mann über Bord!" brüllen, als die seelenlose Gestalt wortlos in den Fluten auf Nimmerwiedersehen verschwand. Nur ein paar Luftblasen, zwei grinsende Heizer und ein verblüfft starrender Leutnant zeugten von dem vorangegangenen „Drama".

Schon Stunden vorher hatten findige Köpfe heimlich die Beine der menschlichen Kopie mit Schrauben und Alteisen zusätzlich gefüllt, sodass man sicher war, Kamerad Blaumann würde beim nächsten Schwimmversuch absaufen. Die folgenden Übungen dieser Art fanden wieder mit Rettungsringen statt und kein voll gesaugter, tropfender Körper musste mehr umständlich aus dem Wasser gezogen werden.

Der Scheißhaus-Caruso

Die Farbtupfer in unserer Gesellschaft bezeichnet man gerne als Originale. Ein solches war einer unserer Obermaate. Seine kräftige Statur und der beachtliche Brustkasten unterstützten eine recht brauchbare Stimme. Sein Repertoire bestand aus klassischen Opernarien und russischen Volksliedern, die er gerne und gekonnt vortrug. Vor allem, wenn er etwas getrunken hatte.

Zusätzlich trimmte er seine umfangreichen Muskeln und gegen den Fettansatz hoffte er mit sportlichen Übungen ankämpfen zu können. Gerne kehrte er eine raue Schale nach außen, aber meistens nur, um seine Gutmütigkeit zu verbergen.

Im U-Raum kam es immer wieder zu kleineren Rammings zwischen ihm und einem Kameraden von schlanker Statur, der jedoch geistig etwas beweglicher als er war. Dieser machte sich oft einen Spaß daraus, seinen athletischen Deckskameraden auf den Arm zu nehmen. Hatte er es wieder einmal geschafft, dann grinste er, dass man seine Mundwinkel an den Ohren einhängen konnte. Eines Tages konterte der Kräftigere: „Ich könnte dich wie eine Scheißhausfliege zerquetschen!" Darauf erwiderte sein Verbalgegner: „Wenn ich eine Scheißhausfliege bin, dann bist du ein Scheißhausbrummer." Durch eine wundersame, decksinterne Wortmetamorphose wurde aus dem Scheißhausbrummer Scheißhaus-Caruso. In Wirklichkeit mochten sich die beiden Kontrahenten und es kam ausnahmslos nur zu amüsanten und harmlosen Wortgefechten.

Das bevorzugte Landgangrevier für unseren Caruso-Verschnitt war der bei den Lords sehr beliebte „Gazastreifen“, das damalige Amüsierviertel im Hafenbereich der Fördestadt mit seinen Kneipen, Kaschemmen, Animierlokalen, Tanz- und Stripteaseschuppen. Gleich in der Parallelstraße befanden sich die schäbigen Unterkünfte der längst verblühten Prostituierten. War unserem Freund das Geld etwas knapp, dann konnte es vorkommen, dass er sich an das Mikrofon in einem der Lokale stellte und sang. Dabei überzog seine sonst eher finstere Miene ein engelsgleiches Lächeln. Oft begleitete ihn die Kapelle des jeweiligen Etablissements. Seine gesanglichen Darbietungen waren so gut, dass ausreichend

Freibier für ihn floss. Natürlich war er schon nach wenigen Auftritten in der „sündigen Meile" von Kiel bekannt.

Wenn wir unseren Heimathafen für eine längere Reise verlassen mussten, dann wurde mit jeder Woche der eher schäbige „Gazastreifen", der nur nachts eine schöne Scheinwelt vorgaukelte, immer anziehender für unseren Sängerknaben. Durch die Zeit auf See sammelte sich ein erklecklicher Betrag auf seinem Konto. Mit diesem Betrag gesegnet stellte er sich vor, wie er den Einzug in die Hochburg seiner fantasievollen Vorstellungen arrangieren würde. Er würde schon die Lose durchholen.

Zurück in Kiel, rief er gleich am ersten Abend zwei Taxen. In die erste setzte er sich in Uniform. Die zweite musste seinen Kulani nachfahren. Angekommen in der Straße seiner Träume, ließ er sich durch den Taxifahrer in den nachgefahrenen Überzieher helfen und schritt anschließend in das Erste der lang ersehnten Lokale.

Wie und in welchem Zustand er wieder an Bord zurückkam, sei der Fantasie der Leser überlassen.

Groß ist nicht immer auch gut

Wenn man längere Zeit in der Enge eines Schiffes mit seinen Kameraden zusammengelebt hat, dann kennt man die Macken der anderen. Irgendwann sinnt man auf Rache, wenn die Marotten der Mitmenschen unangenehm werden.

Ein Zeitgenosse auf einer Schulfregatte, ausgerechnet der Versorgungsunteroffizier, stürzte sich immer auf den Fleischteller, um das größte Stück zu ergattern. Dabei warf er die Scheiben wild durcheinander. Langsam, aber sicher kam bei allen der Ärger hoch. Was tun? Man musste sich etwas einfallen lassen.

Gesagt, getan, das nächste Schnitzelessen stand bevor. Ein nicht mehr ganz neuer Backslappen wurde in Form gebracht und in der Kombüse gewürzt und paniert. Durch die Umhüllung bekam das ganze Gebilde eine gewisse Stabilität und ein ganz brauchbares Aussehen. Die in Frage kommenden Kameraden waren gewarnt, nur der Fresser nicht. Beim Essentörn wurde das Kunstschnitzel so auffällig gelegt, dass der besagte Obermaat nicht anders konnte, als nach diesem Stück zu greifen. Alle Augen sahen verstohlen auf den Gierschlund, als der Verzweiflungskampf mit dem panierten Feudel begann. Plötzlich brach schallendes Gelächter los.

Von dieser Zeit an herrschte wieder Ordnung an der Back.

Auf den Spuren der Apostel

Januar 1962, das damalige Geleitgeschwader und die beiden Schulfregatten BROMMY und RAULE befinden sich auf der 17. AAR ins Mittelmeer. Gleich im Englischen Kanal ging es hoch her. Südweststurm, das Feuerschiff DOVER war morgens Steuerbord querab, gegen Mittag lag es wieder voraus. Die Fahrt über den Grund ging also sturmbedingt rückwärts.

Für die Dauer der Reise war ein Pfarrer eingestiegen. Der katholische Geistliche war ursprünglich beim Heer eingesetzt und machte die erste Seereise auf einem Kriegsschiff. Ganz stolz trug er seine dunkelblaue Uniformmütze auf dem gesalbten Haupt. Natürlich auch, als er sich bei Sturm auf das Oberdeck wagte. So richtig wohl war es ihm nach dem gehaltvollen Essen anscheinend nicht. Man konnte auch sagen, die Seekrankheit hatte ihn plötzlich im Griff; doch mit Gottes Hilfe wollte er sie an der frischen Luft bekämpfen. Plötzlich flog sein ganzer Stolz, die Kopfbedeckung, in den Bach. Dass man die Mütze mit einem Sturmriemen sichern konnte, das hatte er noch nicht mitbekommen. Niedergeschlagen hangelte er sich auf die Brücke und bat den Kommandanten nach einer kurzen Meldung, das Schiff doch zu stoppen, um dann mit einem Kuttermanöver nach seiner Mütze zu fischen. Ein vollkommen unmögliches Unterfangen bei dem Sturm. Die Verwünschungen, die der Kommandant dem Pfarrer an den Kopf warf, sollen an dieser Stelle lieber nicht wiedergegeben werden.

Schließlich beruhigte sich das Wetter wieder und die

Schiffe konnten ihre Fahrt wie vorgesehen fortsetzen. Nach der Durchquerung der Biskaya und der Umrundung der Iberischen Halbinsel erreichten alle unbeschadet das Mittelmeer. Später kreuzten sie zwischen den geschichtsträchtigen Inseln der Ägäis. Kaum eingetroffen, kam unser Seelenhirte mit der Bitte auf die Brücke, er wolle eine der nahen Inseln besuchen, nachdem er irgendwo gelesen hatte, dass in grauer Vorzeit auf eben dieselbe ein Jesusjünger seine Füße gesetzt hatte. Dem Schiffsführer schwante Schlimmes, ist die Ägäis doch voll von Gestaden, die von Aposteln möglicherweise irgendwann einmal betreten wurden. Hier musste rechtzeitig ein Riegel vorgeschoben werden.

Gegen Mittag ließ der WO den Anker in der Nähe der ausgesuchten Insel fallen. Der Kutter wurde zu Wasser gelassen und der Pfarrer ans Land seiner Sehnsucht gepullt. Nachdem der Seelsorger abgesetzt und der Kutter wieder an Bord war, ging es Anker auf. Das Schiff setzte seine Fahrt für den Rest des Tages fort. Um dem Kirchenmann die „heiligen Zähne" zu ziehen, beschloss der Kommandant, sich mit dem Schiff außer Sichtweite der Insel zu begeben und erst spät in der Nacht an den Ankerplatz zurückzukehren.

Endlich, gegen Mitternacht wurde der niedergeschlagene Seligmacher durstig, hungrig und durchgefroren wieder an Bord genommen. Auf dem Eiland konnte er selbstverständlich nichts bekommen, denn das kleine Stückchen Erde wurde nur von Insekten, Eidechsen und Schildkröten bewohnt. In den letzten Stunden rief der Diener Gottes in seiner Verzweiflung sämtliche Schutzheilige um seine rechtzeitige Rettung an. Beim Zeus, jetzt wusste er, was man unter Tantalusqualen verstand; und die Spuren der Jünger waren ihm inzwischen auch vollkommen gleichgültig geworden.

Auf ein weiteres Betreten von apostelbesuchten Inseln verzichtete der „bekehrte“ Seelenhirte während der restlichen Fahrt vollkommen freiwillig.

Der Beinbruch, der keiner war

Die großzügige Handhabung des Alkoholverkaufs auf den Schiffen der Marine hatte 1963 zur Folge, dass das Flottenkommando anordnete, den Verkauf von Spirituosen an Besatzungsmitglieder zu reduzieren und zu kontrollieren. Erst ab Portepeeunteroffizier konnten Alkoholika unbegrenzt gekauft werden. Was man bewusst übersehen hatte, war, dass den höheren Dienstgraden die geistigen Getränke genauso schmeckten und dass der ausgewogene Umgang mit denselben nicht von höheren Chargen abhängig ist.

Um das „Fußvolk“ bei Laune zu halten, führte man Gutscheine für den Alkoholverkauf ein. Nachdem es aber immer Kameraden gab, die Zurückhaltung übten, konnten andere deren Kontingent aufkaufen und hatten somit wieder die gleiche Menge wie vorher. Findige Schiffsführungen führten zusätzlich „Happy-Hours“ ein, andere verlegten sich auf Mixgetränke und so weiter.

Auf dem Geleitboot KARLSRUHE mixte der ideenreiche Kantinenführer neben anderen Getränken den so genannten „Gurgelkipper Brutalo“. Es war eine Mischung aus Hochprozentigem, Instantkaffee und Cola. Nach einigen vierstöckigen strichen die meisten die Segel.

Da, wie oben schon angedeutet, auch Offiziere nicht immer Abstinenzler sind, hatte ein Kapitänleutnant der KARLSRUHE etwas zu viel erwischt. Besser gesagt, er war stinkbesoffen. Einige Kameraden sollten dafür sorgen, dass er möglichst unauffällig in die Waagerechte gebracht wurde. Auf dem Wege zur Koje musste das „Rollkommando“ mit der Alkoholleiche am Sanitätsbereich vorbei. Die Tür stand offen und der Stabsarzt mit seinem Obermaat beobachtete neugierig das Transportunternehmen. Blitzschnell kam dem Arzt eine Idee. Er bat die Träger, den Kaleu auf den Behandlungstisch zu legen. Er würde schon für ihn sorgen.

Die Sorge bestand darin, dass man dem Offizier die Uniform auszog und eine Beruhigungsspritze verpasste. In der Zwischenzeit wurden Gipsbinden eingeweicht. Mit viel Sachverstand begann nun das Eingipsen des rechten Beines vom Oberschenkel bis zum Fußgelenk. Nachdem der Gips angezogen hatte, rief man wieder das „Rollkommando“ und ließ den „Verunglückten“ auf seine Kammer bringen.

Der Stabsarzt berichtete noch in der Nacht dem Kommandanten von seiner „Behandlung“ und dass es eben nur ein Gag sei. Am nächsten Morgen erfuhr die ganze Besatzung von dem „Unfall“. Nur den Betroffenen ließ man im Unklaren. Der Stabsarzt machte mit dem Kommandanten den ersten Krankenbesuch mit den besten Wünschen zur Genesung. Sie teilten dem Unglücklichen mit, dass er in der Nacht zuvor beim Aufsuchen seiner Kammer am Niedergang abgerutscht sei und sich dabei den Unterschenkel gebrochen habe. Diese Mitteilung machte ihn natürlich sehr betroffen, wusste er doch, dass der Unfall unter Einwirkung von Alkohol geschehen war. Er wunderte sich nur, dass er keinerlei Schmerzen verspürte. In der Folgezeit organisierte man richtig gehende Besucherströme zu dem erbarmungswürdigen Opfer. Er sollte nicht zur Ruhe kommen.

Da nun in den nächsten Tagen ein Manöver anstand und der Offizier in der Operationszentrale gebraucht wurde, klärte man die ganze Sache auf und der Unglücksvogel wurde von seinem Gips befreit. Für den Rest des Manövers sah man den plötzlich „wieder Genesenen“ nur noch in der OPZ, beim Essen in der Messe und auf dem Wege von oder zu seiner Kammer. Böse Zungen behaupteten danach, dass er dabei immer besonders vorsichtig den Niedergang benutzt hätte.

Im Fotolabor

Meine Dienstzeit näherte sich langsam dem Ende. Der Zug brachte mich von Kiel nach Bremerhaven. An der Technischen Marineschule II sollte ich noch sechs Monate in den Fächern Dampftechnik und Hilfsmaschinen unterrichten. Wo ich noch wenige Jahre vorher die Schulbank gedrückt hatte, stand ich jetzt an der Tafel, um mein fachliches Wissen weiterzugeben. Von Zeit zu Zeit dachte ich dabei ein bisschen wehmütig an meine Kameraden, die ich verlassen musste und die zur gleichen Zeit wieder fremde Länder besuchten.

Gleich am ersten Tag wurden alle Lehrunteroffiziere zu einer Besprechung mit dem Kompaniechef gerufen. Wir bekamen eine Einweisung in unsere neuen Aufgaben und die nötigen Unterlagen für den Unterricht. Für die Verteilung zusätzlicher Nebentätigkeiten war der Spieß zuständig. Dabei fragte er, wer sich mit Arbeiten in einem Fotolabor auskenne. Noch nie im Leben hatte ich ein solches Labor von innen gesehen. Meine Kenntnisse reichten allerdings so weit, dass es dort die meiste Zeit dunkel ist. Genau der richtige Ort, um sich während der Dienstzeit zu verholen.

Sofort meldete ich mich als Laborexperte. Ein bundesdeutscher Obermaat kann und macht alles, auch wenn er überhaupt keine Ahnung hat, vor allem dann, wenn er seinen Vorteil darin sieht. Anstandslos und ohne eine Überprüfung meiner Fähigkeiten wurde mir der Schlüssel für das Hobbylabor übergeben.

Vermutlich war der Kompaniefeldwebel selbst froh,

dass er sich nicht auch noch um diesen Kram kümmern musste.

Die erste Inspektion der Dunkelkammer ergab, dass ich die richtige Wahl getroffen hatte. Umfangreiche Mengen an Fotopapier lagen in einem Raum. Eine Anzahl mir vollkommen fremder Geräte, alles aus der Zeit, als das Labor noch von den Amerikanern betrieben wurde, stand auf mehrere Kellerräume verteilt umher. Nur eine Liege war nicht vorhanden; aber eine solche würde ich mir in der nächsten Zeit schon noch organisieren.

Jetzt war es nur noch wichtig, dass mich jemand in die Tätigkeit einwies. Tatsächlich kannte sich einer meiner neuen Schüler ein wenig mit Fotolabortätigkeiten aus. Gleich nach der ersten Lektion merkte ich, dass mir die ganze Sache riesigen Spaß machte, und rasch wurde ich immer geschickter im Rotlichtmilieu (hier allerdings Laborbeleuchtung).

Die Schüler standen in der Mehrzahl dem Unterricht aufgeschlossen gegenüber und so war es eine angenehme Tätigkeit, die eigenen Kenntnisse zu vermitteln. Ich versuchte, – vermeintliche – Fehler meiner früheren Lehrer an der TMS zu vermeiden, und der Notendurchschnitt in den von mir unterrichteten Fächern zeigte am Ende eines jeden Lehrganges, dass ich nicht so ganz falsch gelegen habe.

In der Freizeit stand allen Angehörigen der TMS, unter meiner Aufsicht, die Dunkelkammer zur Verfügung. Für mich hatte die Nebenbeschäftigung den Vorteil, dass ich eine Ausrede hatte, wenn ich, neben den mir vorgegebenen Unterrichtsstunden, an dem üblichen Kasernenbetrieb nicht teilnehmen wollte. Ich sollte mich schließlich um das Labor kümmern. Während der Dienstzeit verbrachte ich dort in den nächsten Monaten viele ungestörte Stunden, derweil meine Kameraden Reinschiffaufsicht oder Ähnliches erledigen mussten.

Ach ja, noch etwas zu den Bildern, die angefertigt wurden. Neben den üblichen Amateurfotografien entstand in unserem Labor auch eine ganze Anzahl hervorragender Bilder. Manche der Jungs hatten genau das richtige „Fotoauge".

Einmal wurde das Bild von einer ganzen Stubenbelegschaft abgezogen, nur nackte männliche Unterleiber von vorne. Das Bild ging an die Ehefrau eines Abgelichteten. Sie sollte raten, wer ihr, laut Trauschein, gesetzlicher Beglücker auf dem Bild war. Leider erfuhr ich nie, ob sie es herausbekam.

Jung wie wir waren, lebten wir eben mit einer wunderbaren Vitalität. Frei nach der Devise des Hosenbandordens: „Honi soit qui mal y pense" („Ehrlos sei, wer Arges dabei denkt").

Schiffe sind weiblich

Woher kommt es, dass Schiffe weiblich sind? Ich weiß es nicht! Sind es die harmonischen Formen, die vor allem die schlanken und ranken Kriegsschiffe auszeichnen und die wir auch an Frauen so gerne sehen? Ist es der überaus ästhetische Anblick, wenn ein Schiff über das Meer zieht? Liegt es daran, dass der Seemann in sein Schiff verliebt ist? Für ihn ist es nicht einfach ein aus Stahl zusammengeschweißter Untersatz; für ihn ist es ein Wesen.

Man sagt die GORCH FOCK, die BISMARCK, die BROMMY, die HIPPER; alles waren Männer, deren Leistungen mit Schiffsnamen gewürdigt wurden oder werden. Auch bei Schiffen mit Städte- oder Ländernamen spricht man in der weiblichen Form, die BERLIN, die KÖLN, die HAMBURG, die BAYERN.

Wenn ein Seemann das erste Mal das Deck seines „neuen" Schiffes betritt, dann ist er irgendwie erwartungsvoll und neugierig. Was wird er erleben? Ergeht es uns nicht auch so mit einer Frau? Auch sie macht uns neugierig.

Wer einmal längere Zeit auf einem Schiff verbracht hat, kann die Zuneigung der Besatzungsmitglieder zu ihrer fahrenden Heimat verstehen. Ein Schiff lebt. Das Herz ist die Maschine, die Adern sind die endlosen Leitungen, der Körper ist aus Metall oder Holz, das Gehirn ist die Brücke und beseelt wird das Schiff durch die Menschen, die es bewegen. Man könnte noch mehr sinnvolle Vergleiche anführen.

Liest man Bücher, die den Untergang eines Schiffes

beschreiben, oder spricht man mit Menschen, die das selbst erlebten, dann stellt man immer wieder fest, dass ein solches Ende den Seeleuten immer sehr nahe ging. Ein Schiff stirbt nicht so einfach. Es bäumt sich auf, es wehrt sich, es ringt um sein Dasein, es zischt und stöhnt, um am Ende doch, wenn es das Schicksal so bestimmt hat, nachgeben zu müssen. Wenn der Mensch das Schiff verlässt, dann haucht es seine Seele aus. Nicht umsonst sind ungezählte Kapitäne und auch Besatzungsmitglieder aus eigenem Willen mit ihren Schiffen untergegangen.

Ein Schiff leistet Arbeit, kämpft mit dem Element, für das es gebaut wurde, wiegt auf den Wogen und wird von Zeit zu Zeit in Ordnung gebracht. Es wird, wenn es die Gunst der Vorsehung zulässt, alt. Eines Tages endet es bei einer Abwrackfirma und mit etwas Glück baut man aus dem gewonnenen Stahl und den nutzbaren Teilen wieder ein neues Schiff.

Geht es uns Menschen nicht ähnlich? Wir erfüllen die uns gestellten Aufgaben nach Möglichkeit und wiegen uns auf den Wogen des Lebens, erleben Stürme und Flauten. Wir gehen in die „Werft“, damit wir „in Stand gehalten“ und „repariert“ werden. Wir werden mit etwas Glück alt und leben in unseren Kindern weiter. Auch sie sind ein Teil von uns.

Seeleute auf der ganzen Welt, mit dem Herzen an der richtigen Stelle, lieben ihre Schiffe. Sind sie doch ihr Zuhause und befristet auch ihre Heimat.

Erinnerungen
sind das einzige
Paradies,
aus dem man
nicht vertrieben
werden kann.
(Jean Paul 1763–1825)

Glossar

85er	Marinebegriff für alle Heeresangehörigen. Die 85er waren einmal als „Kaiserliches Regiment“ in Kiel stationiert.
AAR	Auslandsausbildungsreise
abtakeln	Segel abnehmen; auch scherzhaft für ausziehen
aufbacken	auftischen, abbacken = abtragen
auf dem Teppich stehen	Maßregelung durch den Vorgesetzten entgegennehmen
Bach	maritime Bezeichnung für das Meer
Back	Tisch, auch Oberdeck auf dem Vorschiff
Backen und Banken	Vorbereitung und Einnahme der Mahlzeiten
Backschafter	Tischdienst, Essenauf- und -abtrager
Backskiste	fest eingebaute Kiste im Wohndeck zur Aufnahme von Habseligkeiten. Dient gleichzeitig als Sitz- und Liegegelegenheit.
Backbord	siehe Stb
B.d.W.	Bootsmaat der Wache (früher Dienstgrad Bootsmannsmaat), etwa vergleichbar mit U.v.D.
Beefs	ironische Bezeichnung für Engländer, kommt von ihrer Vorliebe für Rindfleisch
Bilge	Kielraum, tiefster Bereich eines Schiffes, Aufnahmeraum für Schwitz-, Leckwasser

	und so weiter, Heizer wurden oft scherzhaft als Bilgenkrebse bezeichnet.
Boot	Schiff ohne Planstelle eines 1. Offiziers
Bootsmannsmaat	Dienstgrad bei der kaiserlichen Marine
Bulleye	üblicher Ausdruck für Bullauge (Schiffsfenster)
Deern	Mädchen
„Blanker Hans"	Nordsee
Chief	auf Handelsschiffen der zuständige Offizier für die technischen Anlagen
Davit	kranartige Vorrichtung zum Aus- und Einsetzen von Beibooten
DDG	US-Zerstörertyp, bewaffnet mit Geschützen und Fernlenkgeschossen
Döntjes	heitere Geschichten
duun	alkoholisiert
Erste Geige	Ausgehuniform
Ex-Kragen	Abkürzung für Exerzierkragen, blauer Kragen mit drei Streifen zur Matrosenuniform; sollte früher verhindern, dass die geteerten oder geölten Zöpfe (heute symbolisch die Mützenbänder) die Oberbekleidung verschmutzten
Fahrmaat	verantwortlicher Unteroffizier für Maschine oder Kessel
Flagge Lucie	früher Buchstabe L, Flaggenfarbe Blau/Weiß/Blau, Farbwiederholung; symbolisch für Blauzeug anziehen, dann Weißzeug, wieder Blauzeug und so weiter; schikanöser und schneller Kleiderwechsel („Maskenball") in ganz kurzen Zeitabständen; heute hat die gleiche Farbenfolge

	die Flagge J (Juliett)
Flügelträger	hier: Luftwaffenangehöriger
Flurplatten	Bodenbelag aus Eisenplatten
Foftein	Pause machen, wahrscheinlich von englisch fifteen (15) kurze Pause
Gammelpäckchen	schmuddelige Person, Schlamper, wird oft auch als Luschpäckchen bezeichnet
Gast	Mannschaftsangehöriger mit einer Funktion auf einem Schiff; Gastenlehrgang
Geeste	kleiner, kurvenreicher Fluss durch Bremerhaven, mündet in die Weser; Geestemünde, früher Ort, heute Stadtteil von Bremerhaven
Geschwaderboot	Führungsboot
Gösch	kleinere Flagge am Bug des Schiffes, wird nur im Hafen oder vor Anker gesetzt beziehungsweise niedergeholt
Gräting	Gitterrost, Lattenrost auf Schiffen
Hipper	Franz Ritter von, geb. 13.9.1863, gest. 25.5.1932, Admiral, Erfolge in der Seeschlacht vor dem Skagerrak (31.5.1916)
Hulk	alter Schiffsrumpf, der nur noch zu Lagerzwecken dient, früher auch oft Gefangenenschiff
Hundemarke	Bezeichnung für Erkennungsmarke
Jockel	kleinerer Verbrennungsmotor, zum Beispiel Antriebsmaschine für Generator
K1/K2	Kesselraum 1 oder 2
Kaleu	Kapitänleutnant, entspricht Hauptmann beim Heer
Keksrand	goldener „Bahlsenzackenrand“ auf dem Offiziersmützenschirm

Kieker	Fernglas
Klüse	Öffnung in der Bordwand für Ketten und Tauwerk
Klüsendeckel	scherzhafte Bezeichnung für Augenlider
Kulani	auch Collani/Colani zu sehen, kurzer Marinemantel (anfänglich hüftlanges Marinejackett), ursprünglich von Firma Berger & Collani
Kolibri	stark und lieblich duftendes Marine-Standard-Parfüm, wurde ferner zum Entfernen leichter Flecken benutzt, brannte zur Not auch im Feuerzeug
Kujampel	Sirupgetränk, Fruchtsaft; Kujampels = Einheitsbezeichnung für fremde Währungen
KM	Kriegsmarine
koppheister	kopfüber
Last	Lagerraum auf einem Schiff
lenzen	auspumpen, scherzhaft für trinken
LI	Leitender Ingenieur, wurde schon in den Anfangsjahren der Bundesmarine umbenannt in „Schiffstechnischer Offizier“
Limey	Spottname für den britischen Seemann; ursprünglich „limejuicer“, aus der Zeit, als die britische Marine den Zitronensaft als Mittel gegen Skorbut einführte
Linie	Äquator
Lord	auch Seelord, für Seemann, verstümmelte Übersetzung von englisch sailor
Lose durchholen	Tau oder Seil stramm ziehen, auch das Leben auskosten
M-Böcke	hochseegängige Minensuchboote, vor allem im Zweiten Weltkrieg die Bezeich-

nung für die Kohlenboote (auch gebräuchlich „Schwarze Minensucher“, früher waren die Minensuchboote schwarz gestrichen)

Marlspieker — Pfriem, Stahl- oder Hartholzdorn zum Spleißen von Faser- und Stahldrahttauwerk

Matrosen am Mast — Filzläuse

MOS — Marine-Ortungsschule

MUS — Marine-Unteroffiziersschule

O.v.D. — Offizier vom Dienst

Päckchen — Arbeitskleidung (zum Beispiel Takel- oder Lederpäckchen), auch Bezeichnung für schmuddeligen Menschen (siehe Gammelpäckchen); Schiffe, die längseits, nebeneinander festgemacht haben man liegt im Päckchen

Persenning — Segeltuch

Piepels — Marineausdruck für Leute, von englisch people

pönen — anstreichen, für streichen ist auch malen bei der Marine gebräuchlich

Poller — Festmachemöglichkeit für Schiffsleinen am Oberdeck oder am Land; scherzhaft auch für Kopf wegen der kopfförmigen Bauart

Poker — Eisenstange zum Aufbrechen der Schlacke in einer Kohlenfeuerung (ursprünglich englisch Feuerhaken)

Pütz — Eimer, früher aus Segeltuch

Ramming — Zusammenstoß (übertragen auch: Anpfiff)

Rise, rise — „Reise, reise!“ Weckruf (von englisch to

	rise; aufstehen, aufgehen)
reesen	unterhalten (auch klönen), Rees = Seemannsgarn, Rees an Bb-Seite = erzählen
rucksen	schlafen, auch filzen, Matratzenhorchdienst
Schanze	offenes Deck am Achterschiff, im Altertum verschanzten sich die Krieger der Galeeren auf dem Hinterschiff
Schapp	Schrank, auch kleiner Lagerraum
Schlicktau	Marinebegriff für Wilhelmshaven, Andeutung auf Tsingtau
Schlitzmatrosen	weibliche Marineangehörige
„Seeziegen“	Angehörige der seemännischen Laufbahn, Ausdruck wird aber auch für andere nichttechnische Laufbahnen gebraucht
Smadding	Seemännische Nummer 1, dienstältester oder erfahrener Seemann, oft falsch als Schmarting (= gefettetes Segeltuch beziehungsweise Jutestreifen) bezeichnet
Speigatt	Öffnung im Schanzkleid, damit das überkommende Wasser schnell ablaufen kann, Gatt: plattdeutsch = Loch, auch enge Gasse
Speisewasser	Kesselspeisewasser, enthärtetes oder durch Verdampfen aus Seewasser gewonnenes (weiches) Wasser mit chemischen Zusätzen, kein Trinkwasser
SSO	Schiffssicherungsoffizier
Stb	Steuerbord (Backbord, Bb = links), rechte Schiffshälfte und darüber hinaus der See- und Luftraum rechts von der Fahrtrichtung
Stelling	Laufbrücke zwischen Schiff und Land,

	mit Tauen befestigtes Brett für Außenbordarbeiten
Stoker	englisch Heizer, gängige Bezeichnung bei den Marinen
Strecktau	bei starkem Seegang über das Deck gezogenes Tau zum Festhalten
schwojen	Drehbewegungen eines Schiffes an der Ankerkette
Tampen	Schiffstau; Tampenende = kurzes Tau
TMS	Technische Marineschule (TMS I in Kiel, TMS II in Bremerhaven zu der Zeit)
türken	etwas vormachen
Twist	Putzwolle
U-Raum	Raum für Unteroffiziere auf einem Schiff
U.v.D.	Unteroffizier vom Dienst
V-Boot	Verkehrsboot, kleineres, seetüchtiges Motorboot für die Personen- und Materialbeförderung
VEBEG	zentrale Stelle für den Verkauf ausgemusterter Gegenstände der Bundeswehr
verholen	Schiff über geringe Entfernung an eine andere Stelle bringen, auch Bezeichnung für sich von der Arbeit drücken
Wache	auf den Schiffen gewöhnlich Dreier-Wachtörn: vier Stunden Dienst – acht Stunden Freiwache (Bezeichnung: 1., 2. oder 3. Wache); Zweier-Wachtörn: sechs Stunden Dienst – sechs Stunden Freiwache (Bezeichnung: Steuerbord- beziehungsweise Backbordwache); Hundewache: 00.00 bis 04.00 Uhr bzw. 00.00 bis 06.00 Uhr
Wachmaschinist	Feldwebeldienstgrad, zuständig für eine

Maschinenanlage

Wäsche achtern
Marineuniform mit Ex-Kragen; Wäsche vorne = Marineuniform mit Jackett

wahrschauen
warnen, aufmerksam machen; Wahrschau! = Achtung!

„White Ensign"
englische Kriegsschiffflagge

Wik
hier: Stadtteil von Kiel, ursprüngliche Bezeichnung einer offenen, an einer langen Straße liegenden Ortschaft

Wuhling
Durcheinander, Wirrwarr, Gedränge (von englisch wool), so viel wie unentwirrbarer Wolleknäuel

Zustand
maritime Bezeichnung für allgemeine Aufregung. Die Bezeichnung Zustand kann man nicht genau beschreiben, man muss sie erlebt haben.